Melanie Grimm

Business-Kompetenz mit Herz-Kohärenz

Melanie Grimm

Business-Kompetenz
mit
Herz-Kohärenz

Mit den Qualitäten des Herzens Erfolg, Freude und Erfüllung im Job bewirken. Ein Wegweiser für Fach- und Führungskräfte.

Pro BUSINESS Verlag

Bibliografische Information der Deutschen Nationalbibliothek
Die Deutsche Nationalbibliothek verzeichnet diese Publikation in der
Deutschen Nationalbibliografie; detaillierte bibliografische Daten
sind im Internet über http://dnb.d-nb.de abrufbar.

Melanie Grimm
Business-Kompetenz mit Herz-Kohärenz
Mit den Qualitäten des Herzens Erfolg, Freude und Erfüllung im
Job bewirken. Ein Wegweiser für Fach- und Führungskräfte.

Bildrechte
Titelbild: © Peshkova: drawing chart heartbeat / Fotolia.com
Grafiken im Buch: © Melanie Grimm

Berlin: Pro BUSINESS 2017

ISBN 978-3-86460-668-7

1. Auflage 2017

© 2017 by Pro BUSINESS GmbH
Schwedenstraße 14, 13357 Berlin
Alle Rechte vorbehalten.
Produktion und Herstellung: Pro BUSINESS GmbH
Gedruckt auf alterungsbeständigem Papier
Printed in Germany
www.book-on-demand.de

Inhalt

VORWORT DER AUTORIN 8

DIE ROLLE DES HERZENS 11

   STATUS QUO IN UNTERNEHMEN 11
   DAS HOLISTISCHE HERZBEWUSSTSEIN 13
   HERZRATENVARIABILITÄT UND KOHÄRENZ 17
   ÜBUNG HERZ-KOHÄRENZ 23
   VORTEILE VON HERZ-KOHÄRENZ IM BUSINESS 24
   FAZIT UND NUTZEN..25

FÜHRUNGS-KOMPETENZ MIT HERZ-KOHÄRENZ......................27

   FÜHRUNGSKRAFT ODER FÜHRUNGSPERSÖNLICHKEIT.............................28
   AUTHENTIZITÄT UND CHARISMA...33
   NATÜRLICHE AUTORITÄT ODER CHEFGEHABE.............................34
   LEADERSHIP VERSUS MANAGEMENT...37
   HERZ UND HIRN IM EINKLANG 39
   KONZENTRATION UND DENKVERMÖGEN 41
   INTUITION UND ENTSCHEIDUNGSFÄHIGKEIT 44
   DAS HERZ ALS WAHRNEHMUNGSORGAN 48
   IQ VERSUS EQ UND SQ...53
   BALANCE IM FÜHRUNGSSTIL 57
   ÜBUNG HERZ-ENTSCHEIDUNG 62
   FAZIT UND NUTZEN..63

SELBST-KOMPETENZ MIT HERZ-KOHÄRENZ 65

   SELBSTERKENNTNIS..65
   SINN UND SEIN 67
   SELBSTFÜHRUNG 70
   INDIVIDUELLE STRESSBEWÄLTIGUNG...72
   VITALITÄT UND LEISTUNGSFÄHIGKEIT...77
   SELBSTVERANTWORTUNG...82

ÜBUNG HERZ-ANKER 86
FAZIT UND NUTZEN 87

GASTBEITRAG: UNTERNEHMENS-KOMPETENZ MIT HERZ 89

UNTERNEHMENSKULTUR – QUO VADIS? 91
DIGITALER KAHLSCHLAG 92
UNSERE POTENZIALE 93
INTENTION 94
COMPASSION UND WOHLSTANDSBERECHNUNG 96
MINDFULNESS UND COMPASSION 99
SYSTEMISCHES DENKEN 100
WISDOM TOGETHER 103

TEAM-KOMPETENZ MIT HERZ-KOHÄRENZ 105

TEAMBILDUNG ODER EINZELKÄMPFER 106
STIMMUNGS- UND ATMOSPHÄREN-MANAGEMENT 109
MITARBEITERBEGEISTERUNG LAUTET DAS ZIEL 111
DAS HERZ ÜBERTRÄGT ATMOSPHÄRE 113
HERZKOHÄRENZ IN TEAMS 117
HERZ, GEFÜHLE UND HORMONE 120
DER SPIRIT DES UNTERNEHMENS 122
PRODUKTIVITÄT UND LEISTUNGSBEREITSCHAFT 124
KRANKENSTAND UND INNERE KÜNDIGUNG 126
ÜBUNG HERZ-VERBINDUNG 128
FAZIT UND NUTZEN 129

SERVICE-KOMPETENZ MIT HERZ-KOHÄRENZ 131

SERVICE MIT HERZ 132
AUFMERKSAMKEIT MACHT DEN UNTERSCHIED 135
BEZIEHUNGSGESTALTUNG MIT KUNDEN 137
HILFSBEREITSCHAFT UND LÖSUNGSORIENTIERUNG 140
HERAUSFORDERNDE GESPRÄCHE MEISTERN 142
PERSÖNLICHES EMOTIONSMANAGEMENT 144
DEM STEINZEITMODUS ENTKOMMEN 147
ÜBUNG HERZ-BALANCE 154
FAZIT UND NUTZEN 155

ANHANG **157**

LITERATURHINWEISE 157

DANKSAGUNG 159

ÜBER DIE AUTORIN 160

ÜBER DEN GAST-AUTOR 162

HEARTNESS BUCH.. 163

HERZ-KOHÄRENZ TRAINING ALS BGM-MASSNAHME 164

HOLISTIC COACHING 165

Vorwort der Autorin

Als vor nicht allzu langer Zeit mein Buch *„Heartness – Das holistische Herzbewusstsein entdecken"* erschien, habe ich mich sehr über die zahlreichen positiven Leserrückmeldungen und Rezensionen gefreut. Und ich wurde von vielen Anregungen ermuntert, noch mehr darüber zu schreiben, wie denn „Heartness im Business" aussehen könnte.

Die vielschichtigen Wirkweisen des Herzens haben auch vielfältige Anwendungsbereiche. Einer davon ist zweifelsohne die Businesswelt. Da ich seit über 20 Jahren als Trainerin und Coach Fach- und Führungskräfte in Unternehmen der Wirtschaft in Entwicklungs- und Veränderungsprozessen begleite, kenne ich zahlreiche Beispiele. Das Thema „Führung" ist seit langem der wesentliche Kern meiner Seminare, untergliedert in die Schwerpunkte Mitarbeiterführung, Gesprächsführung und Selbstführung. Diese Inhalte verbinde ich seit über 10 Jahren mit dem wissenschaftlich validierten Wissen über die Herzratenvariabilität und Herzkohärenz. So werden deren spürbare und messbare Wirkung praxisnah mit meinen Führungs-Seminaren zu verknüpft.

Für die professionelle Anwendung umfasst Heartness ein Konzept mit tiefgreifenden Lösungswerkzeugen, eingebettet in einen holistischen Coachingprozess. Der Seminarbereich wird durch ein fundiertes Herzkohärenz-Training ergänzt. Es lässt sich nicht in Schriftform lehren – das ist nicht Absicht dieses Buches. Es soll die

Bedeutsamkeit der Herzkohärenz insbesondere im Businesskontext vermitteln und inspirieren, dem Herzen auch in diesem Umfeld seinen Raum zu geben. Wer das Konzept von Heartness gerne tiefgreifend erfahren und aktiv lernen möchte, entweder als praktischer Anwender, als qualifizierter und zertifizierter Heartness Coach oder als Holistic Coach (LHA), findet im Internet mehr Informationen auf den Seiten www.melaniegrimm.de und www.lifevision.de.

Als Unternehmer oder Personalentwickler finden Sie auf www.melaniegrimm.de Seminar- und Coachingangebote. Sie können die Herzkohärenz-Methode entweder allein als Maßnahme im Betrieblichen Gesundheits-Management (BGM) einsetzen oder als wirkungsvolles Zusatzmodul bei Führungs- und Kommunikations-Trainings.

Heartness ist eine von mir eingetragene Wortmarke, sowohl beim Deutschen Patent- und Markenamt als auch beim europäischen Harmonisierungsamt für den Binnenmarkt (DE-Marke und EU-Marke). Aus Gründen der besseren Lesbarkeit wurde jedoch im Fließtext bei allen markenrechtlich geschützten Begriffen auf die Darstellung des ® verzichtet.

Ebenfalls aus Gründen der Klarheit und Lesbarkeit wurde in diesem Buch die männliche Form verwendet, wie beispielsweise Leser, Mitarbeiter etc. Selbstverständlich ist immer auch die weibliche Form – Leserin, Mitarbeiterin etc. – damit gemeint.

Von Herzen wünsche ich Ihnen nun viel Freude beim Erkunden des Herzens in der Businesswelt.

**Das Herz
ist die zentrale Instanz unseres Seins.**

Melanie Grimm

Die Rolle des Herzens

Die Rolle des Herzens

Wie würde die Wirtschaft aussehen, wenn man bei der Mitarbeiterführung mehr Herzqualität statt Ratio einsetzte? Was wäre in der Weltpolitik anders, wenn hier mehr Herzlichkeit herrschte? Und wie würden sich Kinder entwickeln, wenn in den Schulen Herzensbildung gelehrt würde? Vielleicht hätten wir einfach eine herzlichere Welt.

Für unser gesamtes Leben hat das Herz eine bedeutsame Schlüsselrolle, die weit über die Funktion einer Kreislaufpumpe hinausgeht. Die vielschichtigen und zwischenzeitlich wissenschaftlich validierten Wirkweisen des Herzens geben diesem erstaunlichen Organ eine Bedeutung, die uns im Alltag meist nicht bewusst ist. Leider wird es, auch heute noch, allzu oft auf eine rosarote Kitschromantik reduziert. Benutzt man das Wort Herz in Zusammenhang mit Business, erntet man nicht selten ein mitleidiges Lächeln, häufig verbunden mit einer Aussage wie beispielsweise: *„Also in der Wirtschaftswelt hat Gefühlsduselei wirklich nichts verloren!"*

Besagt „Führen mit Herz" denn tatsächlich, dass wir nur emotional gesteuert agieren und der Verstand außen vor bleibt? Und bedeutet „Herz" nicht viel, viel mehr als nur die Gefühlsebene allein?

Status quo in Unternehmen

Was ist derzeit in Firmen beobachtbar? In den vielen Jahren meiner Praxis als Coach und Trainerin zeigt sich, dass es fast überall einige wesentliche Themenfelder gibt, wo Unternehmen Optimierungsbedarf sehen. Ein zentrales Thema sind Umsatzzahlen, die man mit Hilfe von Verkaufstrainings zu erhöhen versucht. Daran schließen sich schnell Kommunikationsseminare an, um die Außenwirkung zu verbessern, denn oftmals lässt die Gesprächsführung zwischen Mitarbeitern und Kunden zu wünschen übrig. Diese fühlen sich zu wenig beachtet und erfahren kaum echte Hilfsbereitschaft. Als Folge werden Servicetrainings eingekauft. Beleuchtet man die Gleichgültigkeit gegenüber Kunden genauer, zeigt sich schnell, dass in einigen Arbeitsteams eine schlechte Atmosphäre herrscht. Bei einer miesen Stimmung sind nicht nur Missmut und Frust die Folge, sondern auch ein erhöhter Krankenstand. Folglich beauftragt man einen Trainer mit Teamentwicklungsmaßnahmen. Erkennt man die Bedeutung der Mitarbeiterführung an dieser Stelle, greift man zu Führungskräfteseminaren.

Erstaunlich finde ich, dass viele dieser Maßnahmen Inselphänomene darstellen, denn sie werden oft einzeln und getrennt voneinander durchgeführt. Verbindet man sie mit dem vielschichtigen Wissen rund ums Herz, zeigt sich, dass dieses die Basis für jedes der oben genannten Themenfelder begründet und damit den Lösungsansatz bereits impliziert.

Sowohl wissenschaftlich als auch philosophisch-spirituell fasziniert mich das Thema Herz seit Jahren. Beim HeartMath-Institut habe ich alle verfügbaren Ausbildungslehrgänge absolviert und konnte mir – ergänzt durch weitere wissenschaftliche Fortbildungen –

ein breites Spektrum an Kenntnissen rund ums Herz aneignen. Umfangreiche Recherchen, praxisorientiertes Forschen und langjährige Erfahrung in meiner Trainer- und Coachtätigkeit bilden ein wertvolles Fundament. In etlichen Unternehmen – sowohl Großkonzernen als auch kleinen und mittelständischen Betrieben – konnte ich in den vergangenen Jahren die genannten Themen-felder mit der Methode der Herzkohärenz verknüpfen und dabei sehr zufriedenstellende Ergebnisse beobach-ten. Ich erlebe meine Arbeit im wahrsten Wortsinn als Herzensangelegenheit, wenn ich Unternehmen in ih-rem Vorankommen und Menschen in ihrer individuel-len Entwicklung und auf ihrem persönlichen Weg – und das bedeutet meist auch ein Weg zum eigenen Herzen – begleiten darf.

Nun gilt es, das Thema Herz in der Tiefe zu erkunden und herauszufinden, welchen Platz es in einem neuen Führungsverständnis und einem innovativen Unter-nehmensumfeld einnehmen kann.

Das holistische Herzbewusstsein

Die von mir entwickelte Heartness-Methode drückt ein neues Herzverständnis und damit ein holistisches oder ganzheitliches Herzbewusstsein aus. Es veranschaulicht die Vielfältigkeit des Herzens sowie deren Nutzen – in meinem Buch *„Heartness – Das holistische Herzbewusst-sein entdecken"* habe ich es ausführlich erläutert.

Heartness verbindet elementare Aspekte der Biome-dizin, Quantenphysik, Philosophie und Spiritualität und beschreibt eine siebendimensionale Matrix. Diese Herzmatrix vereint die physische, mentale, emotionale, energetische, generative, essenziale und spirituelle Ebene des Herzens. Weit mehr als nur ein Körperorgan ist das Herz offenkundig die zentrale Instanz, die unser Leben und Erleben steuert – im Innen wie im Außen, im Beruflichen wie im Privaten.

Vermutlich wünscht sich jeder Mensch ein vitales, selbstbestimmtes, glückliches und sinnerfülltes Leben. Immer mehr erkennen, dass sie Gestalter ihrer eigenen Umstände sind, indem sie ihre Realität bewusst kreieren und ihr Glücklichsein selbst veranlassen. Diese innere Ausrichtung ermöglicht es, dem eigenen Sein und Tun einen tieferen Sinn zu verleihen.

Das Herz fungiert dabei als Kommunikator, Regulator und Generator sowie als Synchronisierer, Energetisierer und Harmonisierer und bildet sieben Seinsschichten, die sich zu einer Matrix zusammenfügen.

Das physische Herz

Da das Herz ein Körperorgan ist, liegt die physische Ebene auf der Hand. Als zentrale Instanz ist es quasi das „Oberhaupt"; es reguliert und synchronisiert zahlreiche Körperfunktionen. Das Herz ist die wichtigste Steuereinheit im Nerven-, Organ-, Hormon-, Immun- und Zellsystem.

Bezogen auf ein Unternehmen beschreibt diese Ebene den Schlüssel für Vitalität und körperliche Stressresistenz und damit die Verringerung von Fehlzeiten.

Das mentale Herz

Die mentale Ebene verbindet Herz und Hirn, was im medizinischen Kontext als Herz-Hirn-Achse bezeichnet wird. Das Herz sendet fortwährend Informationen ans Gehirn und nimmt stark Einfluss auf dessen Tätigkeit. Dabei fließen deutlich mehr Impulse vom Herz in Richtung Gehirn als umgekehrt. Darüber hinaus bildet es mit dem sogenannten Herzgehirn ein eigenes Wahrnehmungsorgan.

Beschäftigte in Unternehmen profitieren von dieser Herzebene, indem sie sich besser konzentrieren können und ihre Denkleistung und Problemlösungsfähigkeit sowie ihre Kreativität und Intuition zunehmen.

Das emotionale Herz

Das Herz hat für vermutlich jeden Menschen eine emotionale Ebene – ist es doch für viele seit jeher das Symbol für Liebe, Freude und Beziehung. In allen Kulturen dieser Welt steht das Herz sinnbildlich für Gefühle.

Mitarbeitende haben durch das Anwenden der emotionalen Aspekte des Herzens die Möglichkeit, für ihr gefühlsmäßiges Wohlbefinden zu sorgen. Außerdem können sie harmonischere Beziehungen gestalten – sowohl untereinander als auch mit der Führungsebene und mit Kunden.

Das energetische Herz

Die energetische Ebene beschreibt das wissenschaftlich erforschte elektromagnetische Feld des Herzens. Sie weist einen engen Zusammenhang mit der Physik auf. Dieses vom Herzen pulsierend ausgesandte Feld überträgt emotionale Befindlichkeiten und beeinflusst damit erheblich die soziale Interaktion von Menschen.

Arbeitsgruppen und Projektteams können mit Hilfe der energetischen Ebene des Herzens eine positive Arbeitsatmosphäre herstellen sowie eine tragfähige Kommunikation bewirken – sowohl intern als auch nach außen mit Kunden und Lieferanten.

Das generative Herz

Das Prinzip des Generierens, Kreierens und Erschaffens wird von der generativen Ebene veranschaulicht. Sie beschreibt den quantenphysikalischen Vorgang der Entstehung unserer gelebten Realität. Dabei stellt sich die Frage: Sind wir Opfer äußerer Umstände oder haben wir Einfluss auf das Erlebte?

Bezogen auf ein Unternehmen bedeutet diese Ebene das Commitment der Mitarbeiter und ihre Bereitschaft, interne Abläufe positiv und aktiv mitzugestalten. Es ist der Wandel vom Mit-Arbeiter zum Mit-Unternehmer.

Das essenziale Herz

Herz und Seele gehören für viele Menschen zusammen. Die essenziale Ebene beschreibt das Herz als zentrale und wesentliche Instanz des Seins. Die Essenz umfasst das, was unser innerstes Selbst wahrhaft ausmacht, und beantwortet Fragen wie beispielsweise: *„Wer bin ich* *wirklich in meinem Kern?"* und *„Welchen individuellen Nutzen kann ich in diese Welt bringen?"*

Innerhalb eines Betriebes geht es darum, inwieweit sowohl die Leitungsebene als auch die Beschäftigten Herz und Seele der Firma beleben. Wofür ist dieses Unternehmen da, welchen Vorteil bietet es im Wesentlichen und wie repräsentiert es sich nach außen?

Das spirituelle Herz

In der spirituellen Ebene vereinen sich wissenschaftlich-quantenphysikalische und philosophische Einblicke. Sie klärt elementare Sinn- und Wertfragen des Lebens. Im Rahmen von Heartness definiert sich Spiritualität weder als etwas Religiöses noch als Esoterik und grenzt sich deutlich von New-Age Praktiken ab.

Der Spirit eines Unternehmens kommt zustande durch die Begeisterung des Unternehmers. Wenn es diesem gelingt, seiner Belegschaft Sinn und Nutzen des Betriebs zu verdeutlichen, inspiriert er zu Engagement und Spitzenleistungen.

Herzratenvariabilität und Kohärenz

Um sich diese sieben Dimensionen des Herzens zu erschließen und deren Vorteile in den beruflichen und privaten Alltag einzubinden, nutzen wir den Modus der Herzkohärenz.

Die sogenannte Herzratenvariabilität und Herzkohärenz sind zwei Begriffe der modernen Herzforschung.

Sie wurden wissenschaftlich intensiv untersucht und belegt – sowohl vom HeartMath-Institut als auch von anderen namhaften Universitäten und Instituten.

Die Herzratenvariabilität (kurz HRV) ist für Mediziner ein wichtiger Marker zur Bestimmung der Selbstregulationsfähigkeit. Doch was genau versteht man unter HRV? Und was bedeutet sie für uns im Alltag? Ein Pulswert von beispielsweise 70 Schlägen ist nur ein Durchschnittswert, denn sowohl die Anzahl der Herzschläge pro Minute als auch die Zeitintervalle zwischen den Herzschlägen variieren. Die menschlichen Herzschläge unterliegen einer ständigen Beschleunigung und Verlangsamung. So kann die durchschnittliche Herzfrequenz von 70 Schlägen im einen Moment 55 Schläge pro Minute und im nächsten Moment beispielsweise 85 Schläge pro Minute betragen. Das Herz schlägt also mal schneller und mal langsamer.

Diese Variabilität der Herzrate kann man messen und aufzeichnen. Sie wird von fast allem beeinflusst, was wir denken, fühlen und tun, und ist ein Indikator für Stress und sogar für Alterungsprozesse. Umgekehrt, könnte man sagen, ist sie ein Indikator für Vitalität und Leistungsvermögen, denn je größer die Variabilität, desto vitaler der Organismus, weil er sich variabel an äußere Gegebenheiten anpassen kann. Wollen Sie beispielsweise auf die Schnelle einen Sprint hinlegen, dann muss Ihr Herz binnen Sekundenbruchteilen über das autonome Nervensystem den Körper in Aktionsbereitschaft und Leistungsfähigkeit bringen. Möchten Sie sich danach wieder ausruhen, soll es genauso flexibel wieder für einen Regenerationsmodus sorgen. Diese enorme Anpassungsfähigkeit ist dann am besten möglich, wenn der Herzrhythmus in hohem Grad variabel ist.

Gelingt es Ihnen beispielsweise nach einem hektischen Tag gut und rasch abzuschalten und herunterzufahren? Oder kennen Sie Abende, an denen sich Entspannung und Erholung kaum einstellen wollen und auf die bleibende Angespanntheit eine schlaflose Nacht folgt? Wo Sie das am Tag erlebte Kritikgespräch mit einem Mitarbeiter oder der Streit mit einer Kollegin regelrecht verfolgen und Ihnen den Schlaf rauben?

Neben der Variabilität ist außerdem wichtig, ob der Herzrhythmus eine sogenannte Kohärenz aufweist. Dieser Begriff kommt ursprünglich aus der Physik. Er beschreibt eine Gleichmäßigkeit, eine Harmonie im System. Bezogen auf den Herzrhythmus bedeutet es, dass die Herzschläge einen sehr gleichmäßigen Wechsel zwischen Beschleunigen und Bremsen aufzeigen, was sich beim Aufzeichnen in einer harmonischen, ausgewogenen Sinuswelle darstellt.

Das Herz hat einen stets wechselnden Rhythmus, die Frequenz ändert sich ständig und passt sich den physischen und emotionalen Gegebenheiten an. Es schlägt niemals in einem gleichbleibenden Takt. Dann wäre eine Anpassungs- und Regulationsfähigkeit nicht mehr möglich. Dies wäre ein großes Alarmsignal und würde sogar Lebensgefahr bedeuten! Bereits vor Tausenden von Jahren wusste man in der chinesischen Medizin:

„Wenn der Herzschlag so gleichmäßig pocht wie ein Specht, steht in wenigen Tagen der Tod vor der Tür."

Schwankungen der Herzfrequenz sind also sowohl normal als auch erwünscht. Im Stresszustand erfolgt der Wechsel von Beschleunigung und Verlangsamung jedoch abrupt, ungeordnet, chaotisch. Dann spricht man von Inkohärenz.

Bildhaft gesprochen könnte man den Unterschied zwischen Kohärenz und Inkohärenz auch mit einem Erlebnis beschreiben, das sicherlich viele von uns teilen: Erinnern Sie sich noch an Ihre erste Fahrstunde? Das Bedienen der ungewohnten Hebel und Pedale grenzte bereits an Überforderung, doch vor allem das Zusammenspiel zwischen Gas, Bremse und Kupplung war doch eine ziemlich holprige Angelegenheit. Nicht selten schoss der Wagen nach vorn, um dann abrupt abgebremst zu werden, und das Fahrzeug bewegte sich eher stotternd und holpernd statt geschmeidig. Ein sanftes Gasgeben und Bremsen wollte erst gelernt sein. Genau dies verdeutlicht den Unterschied: Während das sachte Beschleunigen und Drosseln des Motors mit dem harmonischen und kohärenten Herzmodus vergleichbar ist, beschreibt das jähe, unausgewogene Stolpern den Zustand der Inkohärenz.

Das Ziel ist also, eine hohe Variabilität der Herzfrequenz und eine ausgeprägte Kohärenz zu erreichen. Auf beides können Sie auf einfache Weise und ohne nennenswerten Zeitaufwand Einfluss nehmen.

Das folgende Schaubild zeigt einmal einen disharmonischen, inkohärenten und einmal einen harmonischen, kohärenten Herzrhythmus, je nachdem, ob ein unangenehmes oder ein angenehmes Gefühl empfunden wird:

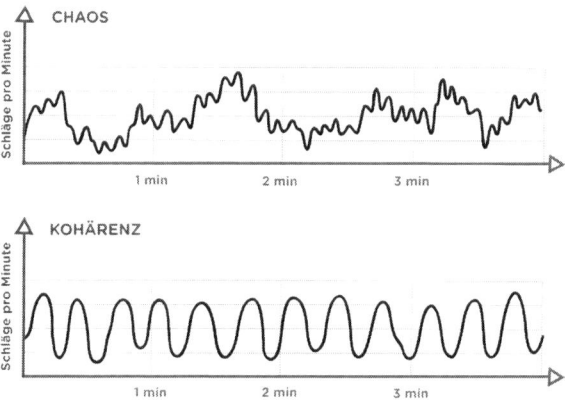

Sämtliche Gedanken und Gefühle, auch unbewusste, sowie das Atemmuster beeinflussen den Herzrhythmus in hohem Maße. Sobald uns etwas in eine innere Aufregung oder Anspannung versetzt, wird er inkohärent, während angenehme Gedanken und Gefühle schnell zu einem kohärenten Muster führen.

Inzwischen gibt es gute und erschwingliche Softwareprogramme, mit denen man die Herzratenvariabilität messen und aufzeichnen kann, sogar unterwegs. Doch das ist gar nicht zwingend notwendig, um einen kohärenten Modus zu erzeugen. Viel wichtiger ist es, wirklich zu spüren, wie sich die Herzharmonie anfühlt.

Leider können viele Menschen ihr Herz kaum wahrnehmen. Sie haben oft kein Gefühl mehr für sich selbst, da sie schon zu lange wegschauen und gelernt haben, die Signale ihres Körpers zu ignorieren. In diesem Fall kann das Darstellen der Herzrate hilfreich sein. Wenn jemand auf dem Monitor bildlich sieht, was sein Körper ihm eigentlich über das Spüren rückmelden sollte, dann kann das die eigene Wahrnehmung stärken.

Viele aktuelle Forschungsergebnisse weisen darauf hin, dass die positive Beeinflussung der Herzratenvariabilität und -kohärenz eine sehr gute und effektive Selbstregulationstechnik darstellt. Über das autonome Nervensystem bringt sie das gesamte System physisch, mental und emotional in Einklang. Herausfordernde Alltagssituationen, Hektik, Druck und Stress werden in freie Energie für persönliche und professionelle Effektivität umgesetzt.

Auf der folgenden Seite finden Sie eine Übungsanleitung, um die Herzkohärenz herzustellen. Je häufiger Sie üben, desto schneller automatisiert sich der kohärente Modus in Ihrem Körpersystem und Sie können die Herzharmonie jederzeit und überall herbeiführen. Dann brauchen Sie die beschriebenen Übungssequenzen nicht mehr Schritt für Schritt durchzuführen. Auch müssen Sie dabei nicht mehr die Augen schließen und Ihre Aufmerksamkeit gänzlich nach innen richten. Ein achtsamer und bewusster Fokus aufs Herz ermöglicht dann in Windeseile den Zustand der Kohärenz.

Wenn Sie diese Übung etwa vier bis sechs Wochen einige Minuten täglich durchführen, kommen Herz-, Atem- und Hirnrhythmus in ein harmonisches Zusammenspiel. Mit Kopf und Herz zusammen können Sie emotional intelligent reagieren und belasten sich selbst sowie Ihre soziale Umwelt weniger.

Übung Herz-Kohärenz

1. Herzfokus

Richten Sie Ihre Aufmerksamkeit auf die Herzregion. Wenn Sie möchten, können Sie zur Unterstützung die Hand aufs Herz legen. Wenn die Gedanken abschweifen, lenken Sie sie einfach wieder zurück auf Ihre Herzgegend.

2. Atemfokus

Während Sie sich auf Ihren Herzbereich konzentrieren, achten Sie darauf, wie Ihr Atem gleichmäßig ein- und ausströmt. Bleiben Sie mit Ihrer Aufmerksamkeit auf die Herzgegend konzentriert. Ihre Atmung und Ihr Herzrhythmus gleichen sich an. Machen Sie es so lange, bis Ihr Atem gleichmäßig fließt und Sie ihn nicht mehr forcieren.

3. Gefühlsfokus

Atmen Sie weiterhin gleichmäßig und bleiben Sie mit der Aufmerksamkeit bei Ihrem Herzen. Erinnern Sie sich dabei an ein gutes Gefühl, an eine Gelegenheit, als Sie sich sehr wohl fühlten, und versuchen Sie, dieses Gefühl erneut zu erleben. Es mag ein Wahrnehmen von Wertschätzung, Liebe oder Fürsorge für eine bestimmte Person oder ein Haustier sein, oder ein Ort, wo Sie sich gerne aufhalten, oder eine Tätigkeit, die Ihnen Freude bereitet. Sobald Sie ein positives Gefühl gefunden haben, behalten Sie es bei, indem Sie sich weiterhin auf Ihr Herz und Ihre Atmung konzentrieren.

Vorteile von Herz-Kohärenz im Business

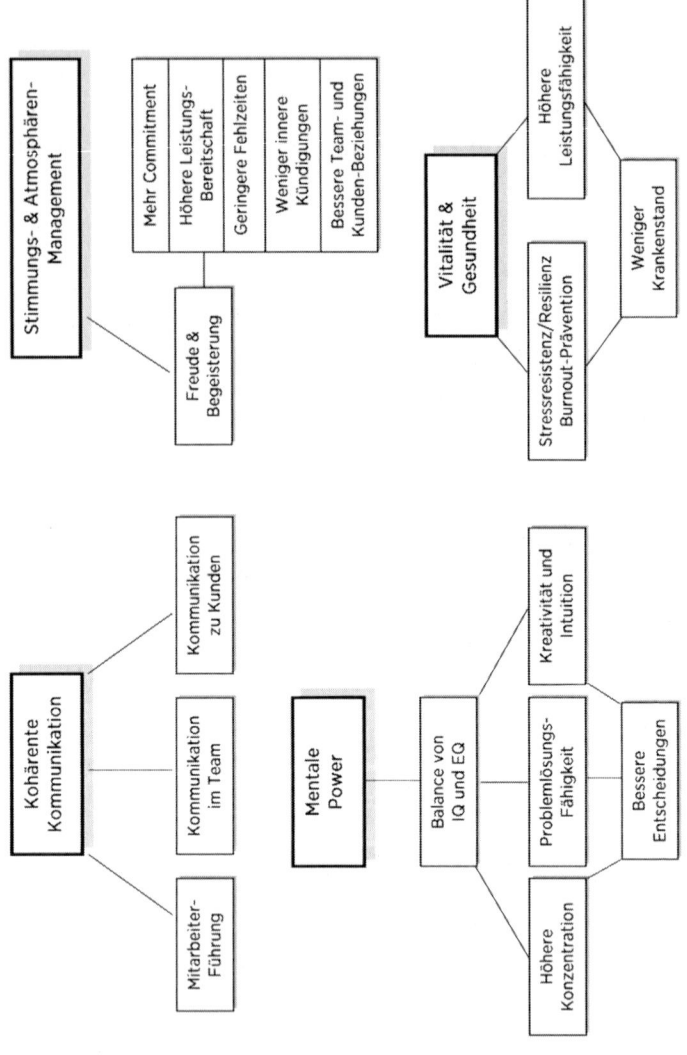

Die Rolle des Herzens

Fazit und Nutzen

✓ Das Herz ist weit mehr als ein Körperorgan. Seine vielschichtigen Funktionen beeinflussen unser tägliches Leben – im Privaten wie im Beruflichen.

✓ Herzratenvariabilität und Herzkohärenz sind wichtige Marker für das gesamte Wohlbefinden.

✓ Herzkohärenz ist keine Entspannungstechnik, die man zwingend in Ruhe und Abgeschiedenheit durchführt. Mit nur wenig Übung gelingt Kohärenz in kurzer Zeit, im Tages- und Wachbewusstsein, mitten im hektischen Alltag – ohne zusätzlichen Zeitaufwand.

✓ Ein kohärenter Gesamtzustand wird durch drei Faktoren erreicht:

1. die Qualität der Aufmerksamkeit

2. den Rhythmus des Atems

3. die emotionale Ausrichtung

✓ Über das autonome Nervensystem werden sämtliche Körperfunktionen synchronisiert und stabilisiert. Die Methode wirkt sowohl präventiv als auch situativ bei allen Symptomen, die mit Stress zusammenhängen. Gesundheit, Vitalität und erhöhte Leistungsfähigkeit sind die Folge.

✓ Dadurch ist man physisch, mental und emotional in einem Zustand größtmöglicher Kraft und Effizienz und spürt gleichzeitig Freude und Leichtigkeit.

**Unser Chef hat ein Herz aus Gold.
Nur härter.**

Quelle unbekannt

Führungs-Kompetenz mit Herz-Kohärenz

Meist haben Vorgesetzte auch eine disziplinarische Führungsverantwortung für ihre Mitarbeiter und viele möchten in dieser Rolle nicht nur zahlengesteuert, sondern vor allem auch menschenorientiert agieren. Sie suchen die Balance zwischen überzeugender Durchsetzungskraft in alle Richtungen und persönlichkeitsfördernder Begleitung für ihr Team.

Und diejenigen, die in Kürze zum ersten Mal eine Führungsposition einnehmen werden, fühlen sich konfrontiert mit einer Mischung aus Vorfreude auf die Herausforderung sowie Ängsten und Unsicherheitsgefühlen. Sie wünschen sich einerseits Impulse für ihre innere Einstellung zur Aufgabe und andererseits das nötige Handwerkszeug für die praktische Umsetzung. So manche Nachwuchsführungskraft fühlt sich ins kalte Wasser gestoßen, denn eine Vorbereitung auf die künftige Betätigung mit Hilfe von Führungskräfte-Seminaren oder gar zusätzlich eine Begleitung durch einen Mentor oder Coach ist leider nach wie vor nicht überall üblich. Schließlich braucht es für die neue Funktion nicht nur Handlungsweisen und Kommunikationstechniken, sondern auch eine passende innere Ausrichtung sowie ein entsprechendes Rollenverständnis.

Wenn Sie Führungskraft sind, dann wissen Sie, wie schwer es sein kann, sich neben operativem Geschäft und Ergebnisverantwortung noch ausreichend um die Mitarbeiter zu kümmern. Diese dafür zu begeistern, wofür das Unternehmen steht. Ihnen Vision, Werte und

Regeln vorleben sowie eine persönliche Betreuung, Unterstützung und Entwicklung gewährleisten. Arbeitsprozesse gestalten, Aufgaben und Kompetenzen delegieren und Teamentwicklung fördern. Mitarbeitergespräche führen, Zielvereinbarungen treffen und Feedback geben. Nicht selten sind Sie dabei auch Konfliktmanager, Trainer und Coach. Und gelegentlich bleiben Sie mit Ihren eigenen Bedürfnissen dabei auf der Strecke, denn dieser Balanceakt ist weder selbstverständlich noch gelingt er immer auf Anhieb.

Führungskraft oder Führungspersönlichkeit

Gerne lasse ich Sie an einem Beispiel einer Klientin teilhaben, die mir im Rahmen einer Qualifizierungsmaßnahme für Nachwuchsführungskräfte in einem mittelständischen Unternehmen begegnete. Franziska B., eine engagierte Mitarbeiterin, die durch ihre gute Arbeitsleistung auffiel, wurde befördert. Die Absichten ihrer Vorgesetzten waren dabei durchweg positiv: Zum einen möchte man talentierten Mitarbeitern Aufstiegschancen gewähren und so vermeiden, dass sie möglicherweise abwandern, wenn ihnen diese verwehrt bleiben. Andererseits ist es in vielerlei Hinsicht praktisch, eine Person aus den eigenen Reihen zu befördern, denn man kennt bereits ihre Persönlichkeit und schätzt sie als Fachkraft, die man noch dazu nicht neu einarbeiten muss. Besonders bei unteren Führungsrängen ist es in der Praxis durchaus üblich, ein Teammitglied zur Nachwuchsführungskraft zu machen.

Franziska B. machte nun im Führungsumfeld ihre ersten Erfahrungen. Ihre Situation beschrieb sie nach einigen Wochen so:

„Vor kurzem bin ich zur Teamleiterin befördert worden. Natürlich wollte ich besonders gut sein! Schwierig finde ich vor allem, dass ich direkt in meinem Team befördert wurde. Bis gestern noch Kollegin und jetzt Chefin. Das schürt Neid und Konflikte! Tja, und nicht nur meinem Vorgesetzten wollte ich alles recht machen, sondern auch den Mitarbeitern. Doch die Stimmung im Team wird immer schlechter, keiner akzeptiert mich als Chefin – bis heute. Dabei gebe ich mir so viel Mühe, zu jedem nett zu sein und allen gerecht zu werden! Mein innerlicher Druck ist schon so groß, dass ich kurz davor bin, alles hinzuschmeißen. Ich bin oft den Tränen nahe und habe mich überhaupt nicht mehr unter Kontrolle. Geschweige denn, dass ich positiv und offen auf meine Mitarbeiter zugehen könnte! Ich bin inzwischen total verkrampft und mache Fehler."

Franziska B. fühlte sich von ihren Mitarbeitern in ihrer neuen Aufgabe nicht akzeptiert. Bis vor kurzem war man noch vereint auf einer gleichen Rangstufe, verbrachte gemeinsam die Mittagspausen und versorgte sich gegenseitig mit dem üblichen Tratsch. Seit ihrer Beförderung wurde sie weitestgehend gemieden und hinter ihrem Rücken wurde getuschelt. Mögliche Bitten oder Aufgaben wurden von den Teammitgliedern vernachlässigt und die Stimmung war gereizt bis aggressiv. Der offensichtliche Neid – besonders von langjährigen Teamkollegen, die sich bei der Beförderung über-

gangen fühlten und diese als absolut ungerecht emp-
fanden – machte ihr zu schaffen, auch wenn sie nach
außen hin über ihn hinwegzusehen schien.

Ein weiteres Beispiel zeigte sich in einem ähnlichen
Unternehmen: Auch hier galt es eine Führungsposition
neu zu besetzen. Dort rekrutierte man jedoch nieman-
den aus dem Team, sondern ließ sich Thomas M. von
einem Headhunter empfehlen, der ihn als Hardliner in
Sachen Führung anpries. Thomas M. freute sich sehr
über seinen neuen Job. Schließlich stand dieses Unternehmen schon länger auf seiner Wunschliste und noch
dazu bot ihm diese neue Stellung eine Aufstiegschan-
ce. Wochenlang malte er sich in Gedanken sein künfti-
ges Office in den obersten Etagen des Büroturms aus,
saß imaginär in seinem fabrikneuen Firmenwagen der
Premiumklasse und stellte sich genüsslich vor, wie er
seine neue Visitenkarte mit der Bezeichnung „Hauptab-
teilungsleiter" zücken würde, wenn er sich anderen vorstellt. „Jemand zu sein", das definierte er seit jeher an
Statussymbolen. Aufstieg und Karriere standen dabei
für ihn an oberster Stelle. Nach drei Monaten in der
neuen Position zog er ein Resümee:

*„Seit ich als Führungskraft in dem neuen Unternehmen
bin, verstehe ich nicht, was hier eigentlich los ist. Ich habe doch bislang alles richtig gemacht! Gut, vielleicht ge-
he ich hier und da etwas zu forsch und hart vor. Aber die
Leute sollen mich ja schließlich als neuen Chef akzeptieren, also muss ich auch wie ein solcher auftreten. Da ist
es doch nur richtig, dass ich Regeln vorgebe, Grenzen
setze und ansage, was wie gemacht wird und was ich*

auf keinen Fall akzeptiere. Wenn mir dann jemand hef-
tig widerspricht, werde ich schon mal laut. Mir ist wich-
tig, auf jeden Fall von Anfang an zu vermeiden, dass mir
jemand auf der Nase herum tanzt und macht, was er
will. Inzwischen habe ich allerdings das Gefühl, dass mir
deutliche Ablehnung, ja fast schon Hass entgegenge-
bracht wird. Das Misstrauen ist gewachsen – nicht nur
mir gegenüber, sondern auch untereinander im Team.
Die Leute sind wie gelähmt. Niemand traut sich mehr,
seine Meinung zu äußern oder einen Vorschlag zu ma-
chen. Ich glaube, hier arbeitet keiner mehr gerne.“

Bei genauerem Betrachten des Führungsverhaltens von Franziska B. fällt auf, dass sie die Rolle der „netten Kollegin" nie verlassen hat. Da sie sich Anerkennung von allen Teammitgliedern wünscht und den aufkeimenden Neid so gut es geht ignoriert, lächelt sie viel und übersieht jegliche Provokation, die ihr geboten wird. Tief im Inneren glaubt sie, dass sie nur dann als neue Chefin akzeptiert wird, wenn sie von allen gemocht wird. Also verhält sie sich lieb und zuvorkommend, auch wenn ihr eigentlich zum Heulen ist. Bewusst spricht sie berechtigte Kritikpunkte nicht an, sondern beißt sich lieber auf die Zunge. Geschweige denn, dass sie sich durchsetzen würde, wenn Mitarbeiter sie in ihrer neuen Position herausfordern und ihre Führung bewusst oder unbewusst einfordern.

Auch Thomas M. ist, wie seiner Kollegin, ein typischer Fehler unterlaufen, der Führungskräften passieren kann. Beide verhalten sich nicht authentisch, sondern nehmen verkrampft eine Rolle ein, von der sie glauben, sie sei chefgerecht. Nur dass sein Verhalten das entgegengesetzte Extrem zeigt: Er nimmt an, nur dann als Vorgesetzter akzeptiert zu werden, wenn er autoritär auftritt und ein dirigistisches Führungsverhalten an den Tag legt. Häufige Anordnungen und ständige Kontrolle killen nicht nur das Vertrauen der Mitarbeiter, sondern auch deren Arbeitsmotivation und Leistungsbereitschaft. Freude und Freiwilligkeit bleiben außen vor.

Die beiden versuchen, sich mit einer ganz bestimmten, aufgesetzten Rollendefinition Führungsstärke anzueignen und scheitern damit kläglich. Weder überzeugt das stets liebe und umsorgende Mütterchen noch der autoritäre Chef im patriarchalen Stil. Doch was konkret bedeutet eigentlich Führungsstärke? Wie könnte man diesen Begriff jemandem erklären, der nicht genau weiß, was man darunter versteht?

Er lässt sich mit *ABC* buchstabieren, denn Führungsstärke bedeutet auf menschlicher Ebene *Authentizität, Beziehungsfähigkeit* und *Charisma*. Sicherlich braucht eine gute Führungskraft auch spezielle Fertigkeiten und Handwerkszeug, was sich in den meisten Führungstrainings erlernen lässt, die von unternehmensinternen Weiterbildungsabteilungen angeboten werden. Doch dieses *ABC* kommt nicht per Willenserklärung zustande; es definiert weder kognitive Eigenschaften noch logische Konstrukte. Führung besagt, innere Stärke als natürliche Kraft – und damit Führungs-Kraft – im Handeln und Kommunizieren auszudrücken.

Wenn ich auf meinen eigenen beruflichen Weg zurückblicke, dann durfte ich als junge Nachwuchsführungskraft lernen, an mich zu glauben. Durch Authentizität und Selbstbehauptung habe ich Akzeptanz und Anerkennung gewonnen – was nicht immer leicht war, denn zum einen war ich sehr jung und zum anderen war das ganze obere Management eine reine Männerdomäne.

Im Laufe der Jahre habe ich in unterschiedlichen Führungspositionen immer wieder erlebt, dass es weniger um Produkte und Preise als um Menschen geht. Diese möchten in ihrem ganzen authentischen Sein gesehen und wahrgenommen werden, mit all ihren Stärken und Fähigkeiten und ebenso mit ihren Fehlern und Schwächen.

Authentizität und Charisma

Authentisch sein bedeutet, natürlich und glaubwürdig aufzutreten. Damit ist gemeint, dass Sie von ganzem Herzen Sie selbst sind. Das ergibt sich aus dem Wortstamm, denn die griechische Silbe *aut* bedeutet *selbst*. Authentisch sein besagt, zu sein, wer Sie sind, mit allem, was Sie ausmacht. Aus echter innerer Überzeugung heraus zu handeln und dabei zu sich selbst zu stehen. Wenn Sie authentisch sind, zeigen Sie sich mit all Ihren herausragenden Eigenschaften, Stärken und Besonderheiten. So können Sie selbstbewusst auftreten und im positiven Sinne auf sich aufmerksam machen. Und Sie strahlen es förmlich in Ihre Umgebung aus! Ihr Charisma ist eine Anziehungskraft, ein inneres Strahlen, womit Sie Menschen für sich gewinnen. Nur als ungekünstelte Erscheinung mit natürlichem Charme ziehen Sie andere Menschen in Ihren Bann. Handeln Sie möglichst authentisch und in Übereinstimmung mit Ihren eigenen Werten und Prioritäten, mit Ihren Eigenarten und Gefühlen, so dass Sie wirklich zu dem stehen können, was Sie sagen und tun. Ihr Führungsverhalten muss zu Ihnen passen und es darf kein aufgesetztes, womöglich nur antrainiertes Verhalten sein. So können Sie Ihren Mitarbeitenden als Vorbild, Begleiter und Förderer in einem begegnen.

Natürliche Autorität oder Chefgehabe

Wie deutlich Authentizität und Ausstrahlung einer Führungskraft im Außen wahrnehmbar sind, durfte ich vor einiger Zeit einmal erleben. Eine Freundin von mir bietet als Management-Coach Führungstrainings mit Pferden an. Vielleicht geht Ihnen dabei durch den Kopf: *„Was? Ich soll auf einem Pferd reiten, um zu lernen, wie man Chef wird?!"* Mitnichten. Bei einem Führungstraining mit Pferden reiten die Teilnehmenden nicht, sondern führen die Tiere ausschließlich mittels Stimme und Körpersprache. Sie sind also nicht mit den Pferden durch eine Longe oder eine andere Art von Leine verbunden. Weshalb macht man so etwas mit Pferden? Als Herdentiere leben sie in einem festen Sozialgefüge mit Regeln und einer klaren Rangordnung. Erkennt ein Pferd in einem anderen dessen Führungsfähigkeit und damit einen ihm übergeordneten Rang, akzeptiert es dieses als Leittier und stellt sich selbst entsprechend hintan. Im besten Fall tut es dies auch bei dem Menschen, der es führen und leiten soll.

Bei einer solchen Maßnahme habe ich den ein oder anderen Manager beobachtet, wie er – mangels Charisma und aufgrund fehlender authentischer Führungspersönlichkeit – seine Hemdsärmel hochkrempelte, sich aufplusterte und mit cowboyähnlichem Gang auf das Pferd zuschritt. Frei nach dem Motto: Wollen wir dem Gaul doch mal zeigen, wer hier der Boss ist! Die Reaktion der Vierbeiner war so einfach wie deutlich: Allesamt machten sie eine Kehrtwendung, streckten der vermeintlichen Führungskraft ihr überdimensioniertes Hinterteil entgegen und bewegten sich keinen Zentimeter mehr von der Stelle. Da half weder heftiges Zetern noch gutes Zureden.

Ich gestehe, ich habe mir ein Grinsen unterdrückt ... Es war einfach zu klar erkennbar, dass ein unechtes, aufgesetztes Verhalten enttarnt wird und statt Respekt und Anerkennung erntet die mutmaßliche Führungskraft vielmehr Hohn und Missachtung – und das lässt sich nur allzu leicht von Pferd auf Mensch übertragen. Allerdings haben die Tiere ein zu zurückhaltendes und übertrieben umsichtiges Verhalten ebenfalls nicht akzeptiert. So jemanden stufen sie in ihrer Rangordnung deutlich niedriger ein und ordnen sich somit auch nicht unter.

Mitarbeitende und Teamkollegen merken ebenfalls schnell, ob jemand authentisch auftritt oder nicht, besonders diejenigen, die ihrer gefühlten Wahrnehmung vertrauen und spüren, ob sich jemand echt und glaubwürdig verhält. Es ist ein Relikt aus der Steinzeit. Im Grunde können wir alle binnen weniger Sekunden wahrnehmen und einschätzen, ob wir einem Gegenüber vertrauen können oder besser Vorsicht und Zurückhaltung walten lassen, ob wir uns öffnen wollen oder uns vielmehr vor dem anderen verschließen. In damaligen Zeiten war es eine überlebenswichtige Fähigkeit. Auch heute noch steht sie uns zur Verfügung, allerdings nimmt sie nicht jeder Mensch immer bewusst wahr.

Authentizität zeigt sich beispielsweise auch durch ein echtes Lächeln, das von Herzen kommt. Nichts wirkt ehrlicher, wärmer und vertrauenerweckender auf einen anderen Menschen. Bei unechtem und aufgesetztem Verhalten gehen die meisten instinktiv auf Distanz. Doch gerade in der Führungsarbeit oder in der Dienstleistung ist wirkliche Nähe wichtig.

Alle Menschen werden als Original geboren. Diese Originalität zeichnet uns aus. Darum heißt einmalig sein nicht, anderen nachzueifern oder Dinge zu tun oder zu sagen, die jemand anderes für gut befindet. Natürlich können wir auch nicht immer jedem die Wahrheit unverhohlen ins Gesicht schleudern, das könnte verletzend sein. Besonders in der Dienstleistung, aber auch in der Führungsarbeit sind Diplomatie und Taktgefühl wesentliche Komponenten. Am besten, Sie formulieren Ihre Aussagen nicht nur im Kopf, sondern auch im Herzen. Und manchmal mag es gar besser sein, zu schweigen. Vielleicht möchten Sie sich von Ruth Cohn inspirieren lassen, einer bekannten Vertreterin der humanistischen Psychologie. Sie sprach von der sogenannten selektiven Authentizität, die sie folgendermaßen formulierte: *„Nicht alles, was echt ist, will ich sagen. Doch alles, was ich sage, soll echt sein."*

Aber lässt sich Authentizität erlernen? Ist Charisma trainierbar? Vermutlich nicht. Im Grunde muss man auch nichts lernen, was eigentlich tief in der Essenz eines jeden verankert ist. Authentisch sein hat viel damit zu tun, sich wahrhaft mit seinem Selbst verbunden zu fühlen und nach der inneren Weisheit zu handeln. Jemand, der nicht wirklich bei sich ist und sich seiner selbst nicht bewusst ist, wird leicht zum Spielball von äußeren Faktoren und Einflüssen. Er wird zum Fähnchen im Wind, statt in sich zu ruhen und standhaft seine innere Wahrheit zu vertreten.

Im Modus der Herzkohärenz können Sie diese Verbindung mit Ihrer inneren Instanz nicht nur intensiv und auf positive Weise wahrnehmen. Ihr kohärenter Gesamtzustand überträgt sich überdies auch nach außen und beeinflusst Ihre Umwelt. Wie das genau vonstattengeht und dass es sogar wissenschaftlich belegt und messbar ist, erläutere ich Ihnen im Kapitel zum Thema Team-Kompetenz.

Leadership versus Management

Oftmals werden Führung – oder Leadership – und Management verwechselt. Peter Drucker, ein Pionier der modernen Managementlehre, drückte es so aus: *„Management ist, wenn man die Dinge richtig macht; Füh-*

rung ist, wenn man die richtigen Dinge macht." Damit unterscheidet er Management als operatives und Führung als strategisches Handeln.

Eine für mich überzeugende Beschreibung dieser beiden Begriffe fand ich in Steven Coveys Buch „Die sieben Wege zur Effektivität". Er beschreibt sie mit diesen Worten: *„Den wichtigen Unterschied zwischen beidem kann man schnell verstehen, wenn man sich vorstellt, wie eine Gruppe von Arbeitern sich mit Macheten einen Weg durch den Dschungel erkämpft. Sie sind die Macher, die Problemlöser. Sie arbeiten sich durchs Unterholz, machen den Weg frei. Die Manager sind hinter ihnen, schärfen ihre Macheten, schreiben die Verfahrens- und Vorgehensregeln fest, halten Trainingsprogramme ab, bringen technologische Verbesserungen ein, erstellen Arbeitspläne und Ausgleichsprogramme für die Machetenschwinger.*

Der Führer ist derjenige, der auf den höchsten Baum klettert, die ganze Situation von oben betrachtet und runterruft: ,Wir sind im falschen Dschungel!'

Aber wie reagieren die meisten stark beschäftigten und sehr effizienten Mitarbeiter und Manager? ,Halt die Klappe! Wir machen gute Fortschritte!'"

Nun stellen Sie sich möglicherweise die Frage, wie diese unterschiedlichen Haltungen zustande kommen. Ich würde sie den beiden Organen Herz und Hirn zuordnen. Managementaufgaben, operatives Handeln, das Organisieren von Arbeitsweisen – sprich das Machetenschärfen – ist etwas, was man sich mit dem logischen Verstand und mittels Training gut aneignen kann. Vieles lässt sich durch rationales Denken ermitteln oder durch Abschauen bei Vorbildern erlernen. Dies ist auch nicht per se falsch.

Um jedoch zu wissen, ob man sich überhaupt im richtigen Urwald bewegt, kommt man mit bloßem Verstandesdenken nicht weiter. Das bedeutet nicht, dass die Ratio hierbei außen vor bleiben sollte – in Sachen Strategieentwicklung sind Vernunft und Verstand selbstverständlich ratsam. Doch die Entscheidung, welches denn nun die „richtigen" Dinge sind, die es zu tun gilt, entspringt dem Herzen. Dafür braucht es ein positives Gefühl für die Sache und obendrein ein gutes Quantum Intuition.

Herz und Hirn im Einklang

Herzbewusste Führung bedeutet also nicht, dass Sie Ihren Verstand abschalten und nur noch aus dem Gefühl heraus entscheiden. Das kann nicht das Ziel sein, denn der Verstand hat seine Daseinsberechtigung und in vielen Momenten – auch im Führungsalltag – ist es gut, sich seiner zu bedienen.

Herz und Hirn müssen auch nicht zwingend gegeneinander unterwegs sein. Wie wäre es mit einem Joint Venture zwischen den beiden? Das würde einem Sowohl-als-auch gleichkommen statt einem Entweder-oder. Dass Herz und Hirn keine Gegensätze bedeuten müssen und wie stark die beiden tatsächlich zusammenhängen, ist uns im täglichen Leben nicht immer bewusst.

Das Herz, so zeigen wissenschaftliche Untersuchungen, ist ein Sinnesorgan mit einem eigenen Nervensystem. In der Tat ist das Herz ein hochkomplexes, organisiertes, sensorisches Organ mit einem eigenen „kleinen Gehirn", welches von Neurokardiologen auch als Herzgehirn bezeichnet wird. Dieses besteht aus dem gleichen Typus von Nervenzellen wie das Kopf-Gehirn. Es enthält etwa 40.000 mit den Hirnzellen mehr oder weniger identische Neuronen, die ein eigenständiges und vom Gehirn und dem autonomen Nervensystem unabhängig agierendes Netzwerk bilden. Trotz seiner Autonomie kommuniziert das Herz mit dem Gehirn und beeinflusst dessen Tätigkeit. Der Informationsaustausch erfolgt größtenteils über Nervenfasern, die sich durch das Rückenmark ziehen, auch Herz-Hirn-Achse genannt.

Das umfangreiche Wissen um den Zusammenhang zwischen Herz und Hirn wird innerhalb der mentalen Ebene des Herzens beschrieben. Die Herzmatrix zeigt dabei die Verknüpfung zwischen der physischen und der mentalen Dimension, denn die beiden beeinflussen sich gegenseitig.

Durch diese ständige Kommunikation hat das Herz tiefgreifende Auswirkungen auf die höheren Zentren des Gehirns und damit auf Wahrnehmung, Emotionen, Lern- und Anpassungsfähigkeit sowie das Denk- und Konzentrationsvermögen. Dabei werden deutlich mehr Informationen vom Herz ans Gehirn gesendet als etwa umgekehrt – das Verhältnis liegt ungefähr bei 80:20. Ein weiteres Indiz dafür ist die Tatsache, dass das Herz bei einem Embryo längst voll entwickelt arbeitet, noch bevor sich die erste Hirnzelle überhaupt ausgebildet hat. Schlussfolgernd muss das Herz mehr Steuerung über das Gehirn haben als anders herum.

Wenn von Herzkohärenz die Rede ist, dann ist immer zugleich auch eine Hirnkohärenz der Fall. Mediziner bezeichnen es als Herz-Hirn-Kohärenz. Auch weitere Organsysteme wechseln synchron in einen kohärenten Modus, da das Herz sein harmonisches Signal an das gesamte Organ- und Zellsystem sendet. Es ist praktisch das Hauptregelwerk von Harmonie und Balance im Menschen. Demnach tragen das Herz und sein entsprechender Kohärenzgrad immens zur allgemeinen Befindlichkeit bei.

Konzentration und Denkvermögen

In einem inkohärenten Zustand reduziert sich die Leistung des Großhirns immens. Denkkapazität und Konzentrationsvermögen sowie Entscheidungsfähigkeit nehmen deutlich ab. Nur im kohärenten Modus ist das Gehirn voll leistungsfähig und zu positivem, lösungsorientiertem, kreativem und intuitivem Denken fähig.

Die Erklärung dafür findet man in der Stressforschung. Das Reduzieren der Großhirnleistung unter Stress ist ein archaisches Muster. Fachleute bezeichnen diesen Zustand als sogenannte kortikale Hemmung. Dies leitet sich ab vom Neokortex, dem lateinischen Begriff für die Großhirnrinde (cortex = Rinde). Diese Hirnregion, besonders der sogenannte präfrontale Kortex, das Stirnhirn, ist hauptverantwortlich für positives und intuitives Denken sowie Lösungsorientierung und Kreativität. Wenn nun dieser Bereich gehemmt wird, kann er seine Arbeit nur noch eingeschränkt vollbringen. Die Folge ist, dass wir nur noch zu alten, archaischen Reaktionsweisen fähig sind, nämlich Angriff, Flucht oder Starre. Logisches und rationales Denken findet dann nur eingeschränkt oder im ungünstigsten Fall gar nicht mehr statt.

Selbst wenn wir diesen Extremfall – auch Blackout genannt – im Alltag nicht so häufig erleben, so kennen doch viele von uns die ersten Anzeichen der mentalen Stressachse. Von Vergesslichkeit, Konzentrationsschwäche, Denkblockaden, Gedankenkreisel bis hin zu Albträumen oder manchmal auch Wortfindungsstörungen in Gesprächen. Unkonzentriert und fahrig häufen sich Fehler bei allem, was wir tun. Entscheidungen, die wir in einem solchen Modus treffen, bereuen wir später nur allzu oft.

Wenn die höheren Zentren des Gehirns durch Überbelastung blockiert sind und die archaischen Hirnregionen die Überhand haben, dann bedeutet dies, dass wir physiologisch gesehen gar nicht mehr in der Lage sind, kreativ und lösungsorientiert zu denken. Wir können dann nur auf alte, automatisierte und konditionierte Denkmuster, Handlungsweisen und programmierte innere Überzeugungen zurückgreifen.

Diese alten Prägungen lassen sich jedoch mit einer bloßen Willenserklärung nicht verändern. Auch durch positives Denken, selbst durch Verhaltenstraining, kann man sie nur schwer beeinflussen, da der bewusste Verstand erwiesenermaßen kaum Wirkung auf unterbewusste oder gar neuronale und zelluläre Vorgänge ausüben kann. Studien der Neurowissenschaft zeigen, dass etwa 95 % des Bewusstseins in Wirklichkeit unbewusst sind. Das Unterbewusstsein ist der Speicher für Verhalten, Werte und Überzeugungen. Sie formen unsere Wahrnehmung über die Welt und dirigieren, ähnlich wie ein Autopilot, unser Verhalten als Reaktion auf diese Wahrnehmung.

Im inkohärenten Modus haben wir also in erster Linie Zugang zu unseren alten Speichern im Unterbewusstsein und eben nicht zum bewussten Verstand. Wie von einem Automatismus gesteuert greifen wir auf Konditionierungen zurück. Um neue, bessere Lösungen zu kreieren, müsste unser Hirn Areale benutzen, die es allerdings nur in der Kohärenz erreicht.

Kennen Sie Situationen aus dem Alltag, in denen Sie sich gestresst fühlen und gleichzeitig Ihre Konzentration ebenso nachlässt wie die Fähigkeit, positiv zu denken? Wie sich Ihre Kreativität reduziert und Sie nicht mehr in der Lage sind, an eine Sache wirklich lösungsorientiert heranzugehen? Diese Erkenntnis stresst meist noch mehr und nicht selten gesellen sich dann noch eine ordentliche Portion Frust oder das Gefühl von Hilflosigkeit hinzu.

Wenn es Ihnen gelingt, sich in einem solchen Moment eine kurze Auszeit zu nehmen und bewusst einen herzharmonischen Zustand herzustellen, kann auch Ihr Gehirn wieder in einen kohärenten Modus wechseln.

Dann gelingt es, die Großhirnrinde wieder zuzuschalten und damit den Zugriff auf Areale im Stirnhirn, dem präfrontalen Kortex, zu ermöglichen. So können Sie wieder positiv und zuversichtlich denken sowie Ihre Kreativität und Lösungsfindung steigern. Zudem wirken Sie nicht nur Frust und Stress entgegen, sondern Sie sorgen auch für Ihr emotionales Wohlgefühl. Das Herz ermöglicht damit den Ausstieg aus einem mentalen Hamsterrad.

Die „kurze Auszeit" können Sie durchaus wörtlich nehmen, denn um in die Herzkohärenz zu wechseln, bedarf es keines großen Zeitaufwands und es ist praktisch überall möglich, selbst im hektischen Alltag, wenn um Sie herum das Leben tobt. James Grove, einst Vizepräsident von Salomon Smith Barney, formulierte es so: *„Die Tatsache, dass diese wirkungsvolle Technik nur zwei Minuten Konzentration erfordert, ist für jede beschäftigte Führungskraft höchst erfreulich!"*

Intuition und Entscheidungsfähigkeit

Machen wir uns bewusst: Fehlentscheidungen, die Führungskräften in Momenten der kortikalen Hemmung unterlaufen, können das Unternehmen finanziell teuer zu stehen kommen. Aber auch falsche Entscheidungen und Fehlverhalten von Mitarbeitern in Serviceabteilungen können kostspielig werden, nämlich dann, wenn dadurch verärgerte Kunden zu Mitbewerbern abwandern und negative Werbung machen. Dies kostet nicht nur Geld, sondern auch den guten Ruf.

Daher ist es so wichtig, bei Entscheidungsfindungen das Herz einzubeziehen, damit sich der Verstand und das rationale Denken daran orientieren können. An dieser Stelle empfiehlt es sich, einmal genauer zu klären, was Intuition eigentlich ist und wie sie sich vom sogenannten Bauchgefühl unterscheidet.

Für beide Begriffe – Intuition und Bauchgefühl – existiert keine einheitliche Festlegung. Sowohl in der Literatur als auch im Internet finden sich viele unterschiedliche Definitionen und nicht selten werden beide Begrifflichkeiten als Synonym genutzt.

Meiner Meinung nach sind diese beiden Bezeichnungen nicht das Gleiche und ich unterscheide sie daher. Lassen Sie es uns doch einmal praktisch angehen: Wenn Sie möchten, versetzen Sie sich gedanklich in eine Situation, in der es eine Entscheidung zu treffen gilt. Möglicherweise befinden Sie sich momentan ja sogar in einer solchen Lage und Sie nehmen das Hin und Her zwischen Herz und Verstand deutlich wahr. Der Kopf beginnt dann zu überlegen und findet Argumente, deren Für und Wider er abwägt. Manche nutzen für diesen rationalen Vorgang gerne Listen, auf denen sie ihre Pro- und Contra-Begründungen sammeln, und nicht selten gleicht es einem Pingpongspiel.

Nun könnte es sein, dass Sie in der Bauchgegend für beide Seiten Ihrer Für- und Wider-Liste jeweils ein Gefühl wahrnehmen. Einmal ist es ein Ja, vergleichbar mit einer Hin-zu-Bewegung im Sinne von „gerne!" und das andere Mal ein Nein, entsprechend einer Weg-von-Neigung oder auch „bloß nicht!"

Aus der Hirnforschung wissen wir inzwischen hinreichend, dass unser Denkorgan energieeffizient arbeitet. Das soll heißen, dass es alle Wahrnehmungen, die es aus der Umwelt empfängt, zunächst einer Prüfung unterzieht. Kenne ich das schon? Gibt es dazu im Gedächtnisspeicher eine Erinnerung, eine Erfahrung und im besten Fall bereits eine Handlungsweise? Prima! Dann muss ja nichts Neues erfunden oder erdacht werden – das spart Zeit und Energie.

Einmal angenommen, Ihre zu entscheidende Situation ist Ihrem unterbewussten Speicher prinzipiell nicht neu, dann wurde zu dieser Erfahrung auch ein Gefühl abgelegt, entweder ein positives oder ein negatives. Wenn wir ein Bauchgefühl empfinden, dann versuchen wir zunächst, auf diesen Erfahrungsspeicher zurückzugreifen. Nehmen wir beispielsweise das angenehme Gefühl wahr, dann mündet es in eine Ja-Entscheidung, bei dem unangenehmen wird es ein Nein. Kurzum: Unser Bauchgefühl ist vor allen Dingen ein wahrgenommenes Gefühl – das sagt schon der Name – entweder im befürwortenden oder im ablehnenden Sinn.

Bedenken wir an dieser Stelle, dass wir nicht für alle Entscheidungssituationen eine frühere Erfahrung im Gedächtnisspeicher haben, und selbst wenn dem so wäre, muss die Entscheidung von damals in der heutigen Sachlage noch lange nicht passend sein. Damit wird deutlich, dass es wenig ratsam ist, sich neben dem rationalen Verstand nur aufs Bauchgefühl zu verlassen.

Eine Intuition hingegen wird manchmal auch einer Eingebung gleichgesetzt. Eine durchaus weise Formulierung könnte sein: Intuition ist das Wissen, von dem wir nicht wissen, woher es kommt. Es ist vielmehr das, was wir auch als Spürsinn kennen und es ähnelt einer Vorahnung. Man könnte es auch als gefühltes Wissen bezeichnen. Meines Erachtens ist es ein Andocken an ein kollektives Bewusstseinsfeld, was dann gut gelingt, wenn wir in einem besonderen Bewusstseinszustand sind und wir auch die Botschaften des Herzens abrufen können – ganz gleich, ob es bewusst, halbbewusst oder unbewusst geschieht.

Intuition hat allerdings nicht nur eine Verbindung zum Fühlen, sondern auch zum Denken, denn für eine intuitive Wahrnehmung benötigen wir neben dem Herzen auch das Gehirn. Intuitives Denken findet – ebenso wie das lösungsorientierte und kreative Denken – im präfrontalen Kortex statt, also in dem Teil des Groß hirns, der direkt hinter der Stirn liegt. Dieser Stirnlappen kann, wie wir schon wissen, allerdings nur im kohärenten Modus gute Leistung erbringen. Andernfalls greifen wir auf alte, konditionierte Denk- und Verhaltensmuster zurück.

Kurz gesagt: Je mehr uns die Entscheidungsfindung stresst, desto inkohärenter werden wir. Und je inkohärenter, desto weniger Raum bleibt für Intuition und desto rationaler fällt die Entscheidung aus. Leider hat der sachliche Verstand aber viel zu wenig Spielraum, um alle Eventualitäten abzuwägen, und da er analytisch vorgeht, bleibt das Herz außen vor.

Menschen, die andererseits nur nach Gefühl entscheiden, geben dem Verstand keine Chance, seine durchaus berechtigten Erklärungen miteinzubringen. Hinzu kommt ein Phänomen, das wir alle kennen: Haben wir eine Entscheidung mit dem Herzen getroffen, begründen und rechtfertigen wir diese hinterher sowohl anderen als auch uns selbst gegenüber mit rationalen Argumenten. Dazu fällt mir ein eigenes Beispiel ein: Vor einigen Jahren kaufte ich mir mein damaliges Traumauto, ein Sport-Coupé. Viele PS, Breitbereifung, Sportfahrwerk, Heckantrieb und etliche Annehmlichkeiten in der Sonderausstattung. Was für ein Gefühl, mit diesem irren Schlitten über die Straßen zu preschen! Schmunzelnd ertappte ich mich dabei, wie ich anderen die vernünftigen Kaufargumente beschrieb: hoher Wiederverkaufswert, niedrige Pannenstatistik, sparsamer Diesel.

Doch wie bringen wir Kopf und Herz nun zusammen? Wie gelingt es, die beiden so einzubinden, dass sie idealerweise gemeinsam in die gleiche Richtung marschieren und nicht im Widerstreit liegen?

Das Herz als Wahrnehmungsorgan

Die Forschung hat festgestellt, dass das Herz mit seinem intrinsischen Nervensystem – dem Herzgehirn – ein eigenes Sinnesorgan darstellt. Demnach reagiert das Herz, ebenso wie unser Denkorgan, auf Erfahrungen und Wahrnehmungen und es sendet ständig Botschaften ans Gehirn. Bislang nahm man an, dass dieser Funktionsweg hauptsächlich von unseren bekannten fünf Sinnen – dem Sehen, Hören, Riechen, Schmecken und Spüren – ausgeht, denn sämtliche Eindrücke dieser Sinneskanäle werden ans Gehirn weitergeleitet.

Relativ neu ist die Entdeckung der Wissenschaft, dass das Herz noch vor allen anderen Sinnesorganen Informationen aus der Umwelt empfängt, diese interpretiert und dann seine Betrachtungsweise über den Vagus-Nerv ans Gehirn meldet. Verständlicherweise fällt die Interpretation im herzkohärenten Modus anders aus als im Zustand der Inkohärenz. Da über die Herz-Hirn-Achse beide Organe miteinander verbunden sind, haben Sie automatisch beide in den Entscheidungsprozess einbezogen. Allerdings wird nur der Modus der Kohärenz dafür sorgen, dass sie eine Einheit bilden. Die Wahrnehmung des Herzens wird dann nicht von der Ratio torpediert, sondern synchronisiert sich mit der Hirnregion, die eine kreative Losungsfindung ermöglicht. So können Herz und Hirn übereinstimmend in Harmonie ihre Entscheidung treffen und arbeiten nicht gegeneinander.

Als Erwachsene haben wir oftmals verlernt, in Entscheidungsmomenten unser Herz zu befragen. Kinder tun sich meist leichter damit und sie belächeln uns auch nicht, wenn wir sie dazu ermutigen.

Im Alter von knapp sechs Jahren hat mein Neffe mit dem Gitarrenspiel begonnen. Nach etwa einem Jahr fand er andere Hobbys interessanter und erklärte seiner Mutter, dass er damit aufhören würde. Daraufhin wollte sie von ihm wissen: *„Sag einmal, wenn du deinen Kopf fragst, was du tun sollst, was antwortet er dir? Aufhören oder Weiterspielen?"* „Aufhören!", lautete die prompte Antwort. *„Und wenn du deinen Bauch fragst, was meint der?"*, horchte seine Mutter. *„Aufhören!"*, entgegnete er unverzüglich. *„Und wenn du deine Finger fragst?"*, forschte sie weiter. *„Aufhören!"*, reagierte er schnell. *„Und wenn du dein Herz fragst, was sagt das?"* *„Weiterspielen!"*, schoss die Antwort aus ihm heraus und ließ ihn dabei übers ganze Gesicht strahlen.

Herzentscheidungen brauchen meist nicht viel Zeit, denn das Herz wiegt nicht lange das Für und Wider ab, es weiß sehr schnell, was richtig oder falsch ist. Wenn wir aber nicht auf die Stimme des Herzens achten und unsere Aufmerksamkeit hauptsächlich dem Verstand widmen, dann kann es passieren, dass wir die eigentlich wegweisende Instanz, das Herz, vernachlässigen und überhören.

Eines Tages rief mich Daniela Z., eine Klientin, an. Es war ein Freitagnachmittag und sie befand sich in einer argen Bredouille. Sie arbeitet als Fachkraft in einem namhaften deutschen Automobilkonzern. Ihrer Vorgesetzten, der Hauptabteilungsleiterin, steht sie oft als rechte Hand zur Seite. Einige Wochen davor wurde ihr nun von höherer Stelle eine Führungsposition angeboten. Neben diversen Annehmlichkeiten wie mehr Gehalt, Firmenwagen und Status hätte der Aufstieg auch die ein oder andere Unbequemlichkeit zur Folge. Beispielsweise müsste sie in einem anderen Werk arbeiten, was entweder einen Umzug oder sehr lange Arbeitswege bedeuten würde. So einige Jas und Abers wog sie nun also mit ihrem Verstandesdenken seit Wochen gegenseitig ab. Sie überlegte hin und her und je länger

sie das tat, desto unschlüssiger wurde sie. Am darauf-
folgenden Montag nun sollte sie ihrer Vorgesetzten ihre Entscheidung mitteilen. Unter diesem Zeitdruck, gestresst von ihrem inneren Konflikt und unfähig, eine
Entscheidung zu treffen, rief sie mich also an.

Daniela Z. berichtete mir von ihren Fürs und Widers.
Was ihr obendrein zu schaffen machte, waren die gut
gemeinten Ratschläge von Freunden, Familienangehö-
rigen und ihrem Lebenspartner. Keiner von ihnen konnte ihre Bedenken überhaupt verstehen. Sie argumen-
tierten einhellig, dass es ja wohl ziemlich bescheuert
sei, wenn man eine Beförderung in eine Führungsposition ablehnen würde, noch dazu in einem namhaften
Großkonzern!

Nun, als Coach gebe ich keine Ratschläge, sondern
begleite meine Klienten durch ihren Prozess. Meine
Fragestellung ist eine andere – mir geht es nicht darum, ob das Ja oder das Nein die richtige Entscheidung
ist. Ich stelle vielmehr die Frage: Was hindert die Klientin auf unterbewusster Ebene daran, sich zu entscheiden? Oder positiver formuliert: Was braucht sie, um eine für sie passende Entscheidung treffen zu können? In
einem kurzfristig am gleichen Wochenende anberaum-
ten Coaching konnten wir diese Klärungsarbeit leisten
und die Entscheidung selbst war schnell gefällt. Übrigens ist sie gegen die Beförderung ausgefallen und tief
im Herzen wusste Daniela Z. dies längst.

Im Coachingprozess ging es unter anderem auch darum, dass sie über ihr Herz wieder den Zugang zu ihrer
inneren Weisheit bekommt. Dass sie ihrer Intuition fol-

gen und ihre innere Stimme wieder wahrnehmen kann. Die Herzkohärenz leistet dabei einen entscheidenden Beitrag und sie funktioniert gleich auf mehreren Ebenen. Über das autonome Nervensystem wirkt sie entstressend auf das gesamte Körpersystem. Der empfundene Druck lässt nach und ein emotionales Wohlbefinden ist wieder möglich. Schnell stellt sich auch das Gefühl wieder ein, selbst etwas zur Lösung beitragen zu können und nicht wie fremdgesteuert in einem Hamsterrad zu sitzen und nichts ausrichten zu können.

Wenn Sie nun also selbst in einer Entscheidungszwickmühle stecken und mit rationalen Überlegungen nicht weiterkommen und Ihre innere Zerrissenheit immer größer wird, dann nehmen Sie sich zunächst etwas Zeit und Ruhe. Am besten, Sie ziehen sich für eine Weile an einen stillen Ort zurück, wo Sie ungestört sein können. Ob Sie für Ihren Entscheidungsprozess auch eine Pro- und Contra-Liste anfertigen oder nicht, spielt keine Rolle. Tun Sie es, wenn Sie den Wunsch dazu verspüren, oder lassen Sie es sein.

Führen Sie nun die am Ende des Kapitels beschriebene Übung durch. Sie hat das Ziel, Ihr Herz nach der richtigen Entscheidung zu befragen. Seien Sie sicher, die Antwort kommt! Entweder prompt und unverzüglich, während der Kohärenzübung, oder sie stellt sich ein wenig zeitversetzt ein, wenn Sie das nächste Mal in einem kohärenten Modus sind – beispielsweise abends, kurz vor dem Einschlafen, oder morgens, gleich nach dem Aufwachen, wenn Sie nicht mehr oder noch nicht vollständig im Wachzustand sind. Erfahrungsgemäß sind wir dann am kreativsten und darüber hinaus mit unserer Intuition am besten verbunden.

IQ versus EQ und SQ

In den vergangenen Jahren haben wir über IQ und EQ viel gehört und gelesen. Lange Zeit hat man dem Intelligenz-Quotienten (IQ) höchste Bedeutung beigemessen. Doch irgendwann wurde klar, dass ein rein kognitives und rational-intelligentes Verhalten nicht automatisch auch eine Gefühlsfähigkeit bedeutet. Die beiden Psychologen John D. Mayer und Peter Salovey haben 1990 den Begriff der emotionalen Intelligenz geprägt. Dieser beschreibt die Fähigkeit, eigene und fremde Gefühle korrekt wahrzunehmen, zu verstehen und zu beeinflussen.

Daniel Goleman schreibt in seinem Werk über die emotionale Intelligenz, dass Menschen, die ihr Leben mit all seinen Herausforderungen meistern, vor allem über einen hohen emotionalen Quotienten – den sogenannten EQ – verfügen, der ihrem Intelligenz-Quotienten – dem IQ – mindestens entspricht oder ihn sogar übertrifft. Je mehr Emotio, also Herz, und Ratio, sprich Hirn, nicht als Gegenspieler agieren, sondern im Einklang sind, desto besser können uns beide im Alltag unterstützen, weil wir dann sowohl *wissen* als auch *fühlen*, was wir tun.

Befinden wir uns im kohärenten Gleichgewicht, können unsere beiden Großhirnhälften, auch Hemisphären genannt, gut zusammenarbeiten. Dafür sorgt das sogenannte Corpus Callosum, ein Bündel von Nervenfasern, das beide Hirnhälften verknüpft, sie integrativ zusammenwirken lässt und so den Informationsfluss zwischen beiden ermöglicht. Zwar sind beide Hälften anatomisch gleich aufgebaut, doch funktionell bestehen deutliche Unterschiede. Die linke Gehirnhälfte, auch Logikhemisphäre genannt, denkt logisch, analytisch, schlussfolgernd und sie verknüpft nacheinander lineare Einzelheiten. Mit dem IQ greifen wir daher oft auf diese Hälfte zu. Die rechte Gehirnhälfte, auch als Gestalthemisphäre bezeichnet, erkennt und berücksichtigt Zusammenhänge, arbeitet mit Bildern und Gefühlen sowie mit rhythmischen und künstlerischen Aspekten. Diese Hälfte denkt ganzheitlich und emotional. Sie wird daher dem EQ zugeordnet.

Prinzipiell hat jeder Mensch eine Hemisphäre, die er lieber und häufiger benutzt. Es hat damit zu tun, wie er als Kind von seinen Eltern und anderen Lebenslehrern seiner Umwelt geprägt wurde. Das macht ihn später entweder zu einem eher rationalen oder eher emotionalen Zeitgenossen.

Wenn nun jemand in einem Moment, in dem es auf präzises, analytisches Erkennen der Umstände ankommt, hauptsächlich emotional, weinerlich oder gar hysterisch reagiert, ist dies kaum zielführend. Ebenso hinderlich ist der umgekehrte Fall, wenn die Situation Mitgefühl und Hilfsbereitschaft erfordert und man reagiert kühl und berechnend.

In der Businesswelt benötigen wir beide Quotienten gleichermaßen. Eine Führungskraft mit bloßem kaufmännischen Know-how und großem Zahlenverständnis wird Mitarbeitern kein Vorbild auf menschlicher Ebene sein. Wer jedoch als Chef nur den Teamgeist und das zwischenmenschliche Miteinander im Blick hat, wird sich mit rationalen Budget- oder Unternehmensentscheidungen schwertun. Ein Mitarbeiter mit hohem fachlichen Wissen und Können, doch ohne emotionale Intelligenz, wird Kunden nicht herzlich begegnen. Jemand, der zwar liebevoll und nett ist, aber fachlich und methodisch nichts bieten kann, punktet bei Kunden oder Teamkollegen ebenso wenig. Der Profi verbindet folglich beide Qualitäten – Fachwissen und emotionale Fähigkeiten, also IQ und EQ – ausgewogen miteinander, so dass das besagte Joint Venture zwischen Kopf und Herz entstehen kann. Nichts könnte diese Verbindung besser unterstützen als die Herz-Hirn-Kohärenz.

Nun gesellt sich seit einiger Zeit auch der Begriff SQ hinzu. Gemeint ist damit der soziale Quotient. Dieser beschreibt die Fähigkeit, mit anderen Menschen gut auszukommen und tragende Beziehungen zu pflegen. Freundlichkeit, Diplomatie und Taktgefühl sind für die Beziehungsfähigkeit – auch im Geschäftsleben – unabdingbare Attribute. Dazu gehören das Einfühlungsvermögen und die Sensibilität, nonverbale Signale oder Gefühle von anderen Menschen wahrnehmen und lesen zu können, ebenso, wie das Reflektieren, wie sich das eigene Verhalten auf andere auswirkt. Zu dieser sozialen Befähigung trägt auch ein positives Zuhörverhalten bei. Wenn Sie nicht nur mit Ihrem Verstand jemandem zuhören, sondern sich auch mit dem Herzen auf Ihren Gesprächspartner einstellen, dann entsteht das, was man als kohärentes Zuhören bezeichnet. So können Sie sich Ihrem Gegenüber öffnen und viele unausgesprochene Nuancen der Kommunikation wahrnehmen. Wenn Sie im Herzen sind, sind Sie zugleich gut mit sich selbst und Ihrer eigenen inneren Wahrheit verbunden. Auf diese Weise können Sie Ihren persönlichen Standpunkt vertreten und gleichzeitig den anderen dort belassen, wo er sich emotional und argumentativ befindet, ohne einen Konflikt heraufzubeschwören. Es entsteht eine Wertschätzung auf Augenhöhe, auch wenn man nicht einer Meinung ist, denn Zuhören bedeutet nicht Rechtgeben.

Den sozialen Quotienten vermisse ich, ebenso wie den emotionalen, allerdings in so manchem Unternehmmen. Ich kenne zahlreiche Beispiele, wo brillante Fachkräfte, die für ihre fachlich guten Leistungen bekannt sind, in eine Führungsposition befördert werden, für die sie oftmals nicht die menschliche Befähigung mitbringen. Dann soll der rational-intelligente Ingenieur oder Techniker mit hohem Sachverstand plötzlich Menschen führen – statt mit Zahlen und Tabellen hat er es auf einmal mit Gefühlen zu tun. So mancher kann mit diesen nicht gut umgehen, da sie sich nun mal nicht rational wegdiskutieren oder gar ignorieren lassen.

Das Phänomen, dass Fachkräfte in Positionen befördert werden, wofür sie nicht zwingend geeignet sind, wurde von Laurence J. Peter beschrieben und als das sogenannte Peter-Prinzip bekannt. Im Grunde besagt es, dass in einer Hierarchie jeder Beschäftigte dazu neigt, bis zu seiner Stufe der Unfähigkeit aufzusteigen.

Balance im Führungsstil

Die wichtigste Aufgabe einer Führungskraft wird von dem Weiterbildungsmagazin „managerSeminare" so beschrieben: *„Neben kommunikativen Fähigkeiten sind demnach Sozialkompetenzen auf dem zweiten Rang: Führungskräfte müssen klar kommunizieren, offen für Feedback sein und gut zuhören können sowie gleichzeitig ihre Mitarbeiter respektieren, sie versuchen zu verstehen und ein wertschätzendes Arbeitsklima schaffen."* [1]

Doch den emotionalen und sozialen Quotienten im Führungsalltag zu leben, heißt nicht, dass Sie mit Ihren Mitarbeitern immer nur lieb, nett und einfühlsam sind. Mit Ausgewogenheit von Herz und Hirn können Sie Ihren Teammitgliedern gegenüber authentisch und bestimmt auftreten und in Klarheit kommunizieren. Dazu gehört manchmal auch ein deutliches Wort, indem Sie hervorheben, was Sie erwarten und was nicht oder auch mal eine Grenze aufzeigen. So entsteht eine Balance von zwischenmenschlicher Fürsorglichkeit einerseits und einer leitenden Durchsetzungskraft andererseits.

Nicht immer gelingt es Vorgesetzten, ihr Führungsverhalten derart ausgewogen zu gestalten – die beiden Eingangsbeispiele von Franziska B. und Thomas M. haben es uns bereits verdeutlicht. Entweder wird ein Kuschelkurs gefahren oder eine Autorität an den Tag gelegt, die ebenfalls unpassend ist. Nimmt man von beiden Seiten das Gute und verbindet es in der goldenen Mitte, kommt meist das dabei heraus, was sich Mitarbeiter – sofern man sie befragt – tatsächlich wünschen.

1 managerSeminare: Februar 2017; Heft 227; S. 7; Führung im digitalen Zeitalter: Kommunikation bleibt Hauptaufgabe.

Ein anschauliches Beispiel zeigt uns die Darlegung von Claudia E., die als Führungskraft in einem namhaften Medienkonzern arbeitet. Sie nimmt ihre Aufgabe sehr verantwortungsvoll wahr. Dabei hat sie nicht nur ihre Mitarbeiter im Blick, sondern beobachtet auch ihren eigenen Vorgesetzten und dessen Führungsstil genau und manchmal durchaus kritisch. Sein Verhalten erlebt sie schließlich täglich aus Mitarbeitersicht. Claudia E. hat sich intensiv mit der Herzkohärenz beschäftigt. Zum einen nutzt sie die Methode seit einiger Zeit für ihr persönliches Wohlbefinden und zum anderen hat sie gute Erfahrungen gemacht, wenn sie die Herzensqualitäten in ihre eigene Führungsarbeit einbindet.

Bringt man ihren Stil auf den Punkt, dann stellt er eine gute Synthese zwischen Kopf und Herz dar. Sie betont, dass Mitarbeiter Führung wirklich einfordern und sich Klarheit und Bestimmtheit wünschen. Sie möchten, dass sie als Chefin Ziele und Vorgehensweisen klar formuliert und deutlich äußert. Würde sie dies immer nur lieb und nett verpacken, würden es die Leute als schwammig und unsicher empfinden; es wäre für sie absolut nicht wegweisend. Die Beschäftigten wollen allerdings auch nicht nur Anweisungen erhalten. Vor allem wünschen sie sich Erklärungen, weshalb etwas so und nicht gegenteilig entschieden wurde oder wozu gerade dieses Ziel und kein anderes angestrebt wird. Sie möchten Sinn und Zweck von Entscheidungen verstehen, damit sie sich alle miteinander dafür engagieren können. Obendrein empfinden sie es als Zeichen von Wertschätzung, wenn sich jemand Zeit nimmt und ihnen den dahinterliegenden Sinn vermittelt. Sie wollen das Gefühl haben, dass es ins große Ganze passt und dass jeder Einzelne von ihnen mit seiner wertvollen Arbeit zum übergeordneten Ergebnis beiträgt.

Claudia E. benutzt in der Kommunikation gerne das Bild eines Bootes, in dem alle zusammen ein und dasselbe Ziel ansteuern. Sie sagt ihren Teammitgliedern klar und offen: *„Ich wünsche mir, dass jeder Einzelne von uns mitrudert und dass keiner über Bord geht. Wir sitzen alle in diesem Boot! Und wir haben ein gemeinsames Ziel. Mir ist von Herzen wichtig, dass wir alle hinter dem stehen, was wir hier als Team zu tun haben."*

Bei diesen Worten fällt gleich mehreres positiv auf. Claudia E. spricht viel von „Wir", und damit schließt sie alle, auch sich selbst, mit ein. So fördert sie das Gemeinschaftsgefühl auch sprachlich. Außerdem macht sie deutlich, wie wichtig es ihr ist, dass nicht nur jeder im Boot ist, sondern sich auch bekennt – sowohl zum Team als auch zur gemeinsamen Aufgabe. Sie erzählt mir, dass ihr selbst an ihrem Sprachstil auffällt, wie sie immer häufiger Formulierungen benutzt, die den Begriff „Herz" beinhalten, so wie in diesem Beispiel: *„Mir ist von Herzen wichtig"*. Die Wirkung dieser Worte sieht und spürt sie bei ihrem Team sofort. Besonders freut es sie, wenn sie ihre eigenen Worte später in den Fluren des Hauses wiederhört. Dann weiß sie, dass sie nicht nur verstanden wurde, sondern dass die Leute ihre Botschaft überzeugt weitertragen.

Sie erzählt weiter, dass es durchaus Situationen gibt – besonders im Rahmen eines betrieblichen Veränderungsprozesses – in denen sie in Meetings nicht immer nur angenehme Neuigkeiten bekanntzugeben hat. Selbstverständlich bereitet sie sich auf diese Sitzungen inhaltlich gut vor und wählt ihre Worte besonnen. Doch sie betont, wie wichtig es für sie geworden ist, die Botschaften im Modus der Herzkohärenz kundzutun, weil sie dann von den Besprechungsteilnehmern anders auf- und wahrgenommen werden. Es verdeutlicht die Wirkung der Herzkohärenz auf die Kommunikation.

Diese Wirkung entfaltet sich auch in ihrer eigenen Wahrnehmung. Bei all dem Trubel im Tagesgeschäft ist es wichtig, dass sie als Führungskraft alle im Blick behält und dass ihr sofort auffällt, wenn jemand nicht mehr rudert oder aus dem Boot aussteigt, um bei dieser bildlichen Metapher zu bleiben. Gerade dann ist eine klare und doch herzbetonte Kommunikation wichtig. Und sie stellt fest, dass sich höchst selten jemand absondert, denn wenn sich die Mitarbeiter ernst genommen fühlen, dann ziehen sie nicht nur gemeinsam am selben Strang, sondern ihr Engagement zeigt sich auch in Leistung und Produktivität.

Mitarbeiter sind immer Menschen mit Herz und Seele und daher ist es wichtig, sie auch so zu behandeln und nicht wie leblose Gegenstände. Claudia E. beispielsweise schildert mir den Umgang mit Wertschätzung und Mitgefühl in ihrem Unternehmen so: Wenn sie sich selbst bei ihrem Vorgesetzten krank meldet – und unglücklicherweise musste sie dies sogar für eine längere Zeit aufgrund einer schweren Erkrankung tun – dann nimmt sie bei ihm kein Verständnis oder gar Empathie wahr. Es wird zur Kenntnis genommen. Fällt umgekehrt ein Mitarbeiter aus ihrem eigenen Team wegen Krankheit aus, dann zeigt sie sich selbst teilnahmsvoll und wohlwollend. Ein paar warme Worte haben schließlich noch jedem Kranken gutgetan!

Wertschätzung und Erkenntlichkeit sind nicht schwer zu zeigen. Claudia E. macht es mal hier mit einem anerkennenden Wort und einer gutgemeinten Geste oder mal da mit einem kleinen Geschenk. Sie sagt: *„Wenn ich jedem in meinem Team zu Ostern einen Schokohasen oder zum Geburtstag eine Kleinigkeit überreiche, dann kostet mich das wenig, doch ich gewinne viel! Es ist eine Form der Aufmerksamkeit, die ich hundertfach zurückbekomme."*

Besonders erfreulich ist die Tatsache, dass – bedingt durch ihren Führungsstil – ihr Team im Gesamtunternehmen zwischenzeitlich eine Magnetwirkung entfaltet hat und sich Mitarbeiter von anderen Abteilungen für dieses Team bewerben. Das spricht für sich!

Die Balance aus Klarheit und Bestimmtheit einerseits und Empathie und Wertschätzung anderseits – oder kurzum zwischen Kopf und Herz – macht sich in vielerlei Hinsicht bezahlt. Und mehr denn je dürfen sich Unternehmen heutzutage bedingt durch den demografischen Wandel dem zunehmenden Fachkräftemangel stellen. Das bedeutet, gute Mitarbeiter zu halten, statt sie innerlich oder tatsächlich kündigen zu lassen. Sonst könnte es bald noch häufiger passieren, dass Firmen sich bei Arbeitnehmern bewerben statt umgekehrt.

Übung Herz-Entscheidung

1. Herzfokus

Richten Sie Ihre Aufmerksamkeit bewusst auf die Gegend rund um Ihr Herz.

2. Atemfokus

Atmen Sie langsam, tief und gleichmäßig, bis sich spürbar eine innere Ruhe in Ihnen ausbreitet. Vielleicht stellen Sie sich dabei vor, Sie würden durch Ihr Herz ein- und ausatmen.

3. Gefühlsfokus

Rufen Sie dann ein angenehmes Gefühl in Ihrem Herzen auf. Verbringen Sie einige Minuten in diesem herzharmonischen Zustand.

4. Herzfokussierte Entscheidung

Befragen Sie nun aufrichtig sich selbst und Ihr Herz, was Ihnen jetzt guttut oder welche Entscheidung richtig wäre:

„Was ist die beste Entscheidung in meiner momentanen Situation?"

Und jetzt – lassen Sie die Antwort kommen! Herzentscheidungen sind oft leise und subtil. Achten Sie auf jede Veränderung in Ihrem Inneren – körperlich, mental und emotional. So können Sie auf mehreren Ebenen die Antwort Ihres Herzens wahrnehmen.

Fazit und Nutzen

- ✓ Herzkohärenz ermöglicht ein authentisches und charismatisches Auftreten.
- ✓ Über die Herz-Hirn-Achse sendet das Herz fortwährend Informationen ans Gehirn.
- ✓ Das sogenannte Herzgehirn verfügt über ein intrinsisches Nervensystem, das Sinneseindrücke von außen noch vor allen anderen Sinnesorganen wahrnimmt und seine Betrachtungsweise ans Gehirn meldet.
- ✓ Im Modus der Herz-Hirn-Kohärenz verfügt das menschliche Gehirn über eine erhöhte mentale Power, was einen vorteilhaften Einfluss auf Konzentration und Denkvermögen hat.
- ✓ Die Herz-Hirn-Kohärenz ermöglicht positives, kreatives und lösungsorientiertes Denken, weil damit der Zugriff auf den präfrontalen Kortex – das Stirnhirn – optimal gewährleistet ist.
- ✓ Dadurch erhöht sich auch die Fähigkeit zur Intuition. Im Gegensatz zum Bauchgefühl ist Intuition ein gefühltes Wissen, über das Herz wahrnehmbar und vom präfrontalen Kortex verarbeitet.
- ✓ Intuition ermöglicht gute und tragfähige Entscheidungen, die für Herz und Hirn stimmig sind.
- ✓ Die Herz-Hirn-Kohärenz erleichtert den Gebrauch beider Großhirn-Hemisphären und damit eine Balance zwischen IQ und EQ.

**Fühle deine innere Wahrheit;
dein Herz zeigt dir deinen Weg.**

Persisches Sprichwort

Selbst-Kompetenz mit Herz-Kohärenz

Selbst-Kompetenz mit Herz-Kohärenz

Selbstkompetente Menschen sind sich ihrer selbst in hohem Grade bewusst. Sie kennen ihre Stärken, Eigenschaften und Fähigkeiten und wissen sie zu nutzen. Selbstkritik üben sie in einer gesunden Form, indem sie erkennen, was sie an sich selbst und ihren Lebensumständen optimieren können. Dazu gehören Selbstvertrauen und der Glaube an die eigene innere Stärke genauso wie ein zuversichtlicher Blick in die Zukunft. Und sie sind in der Lage, sich selbst zu motivieren und mit Entschlossenheit den eigenen Weg zu gehen. Indem sie von ihrer Intuition, Kreativität und Flexibilität Gebrauch machen, können sie jederzeit Kurskorrekturen vollziehen, falls diese nötig sind.

Das Thema Selbst-Kompetenz könnte ein eigenes Buch füllen. Weshalb taucht sie hier auf, wenn es um den Businesskontext geht? Die Thematik betrifft zweifelsohne unser gesamtes Leben, ganz gleich ob beruflich oder privat. Viele Menschen möchten sich mit ihrem ganzen Sein in ihre Arbeit einbringen und in ihr aufgehen. Die Identifikation mit dem beruflichen Tun setzt voraus, sich selbst gut zu kennen und sich des eigenen Werts bewusst zu sein.

Selbsterkenntnis

Die persönliche Selbstwertschätzung wird allerdings manchmal von unterbewussten Glaubenssätzen und inneren Prägungen sabotiert. Zuweilen scheinen wir uns selbst im Weg zu stehen. Dann kann eine detaillierte Selbstreflexion mit einem professionellen Coach sinnvoll sein. Doch ein Stück weit kann jeder zur eigenen Selbsterkenntnis beitragen. Wenn das Herz der Schlüssel ist, um mit sich selbst, seiner Essenz und inneren Weisheit in Kontakt zu kommen, dann bedeutet es, dass wir dies immer und überall tun können, denn unser Herz haben wir schließlich stets dabei.

Heartness nutzt für diesen Prozess die Verbindung zur essenzialen und spirituellen Ebene des Herzens. Dort finden wir das, was uns tatsächlich im Kern ausmacht, unsere Eigenschaften, Werte, Begabungen und Talente. Und auch das, was uns wirklich in der Tiefe wichtig ist und was wir nutzenfördernd und sinnstiftend in die Welt bringen möchten. Den Begriff „Spiritualität" definiere ich persönlich gerne mit dieser Beschreibung:

„Ich bin, der/die ich bin, und ich tue, was ich bin."

Dieser Satz setzt voraus, wirklich zu wissen, wer ich bin. Dazu gehört meines Erachtens auch die Unterscheidung zwischen Eigenschaften und Fähigkeiten, die aufgrund von Lebenserfahrungen und durch Familie und Lebenslehrer konditioniert und sozialisiert wurden, und denen, die wahrhaft essenziell sind und zu einem Menschen gehören wie sein Fingerabdruck. In vielen Coachings wird dies leider nicht unterschieden.

Es gibt heutzutage zahlreiche Persönlichkeitstests, viele davon werden auch von Personalabteilungen in Unternehmen oder von Coaches genutzt. Die Ergebnisse sind auf den ersten Blick meist stimmig, weil die Person sich zunächst darin erkennt. Meiner Erfahrung nach werden durch – und so funktionieren diese Tests oftmals – das Beantworten gewisser Fragen mit dem rationalen Verstand allerdings nur die konditionierten Eigenschaften und Fähigkeiten erfasst. Es wird also die öffentliche Person sichtbar. Das passt zur Wortherkunft, denn Persönlichkeit und Person leiten sich von dem griechischen Wort *persona* ab. Es war die Maske, durch die im antiken griechischen Theater ein Schauspieler seine Rolle verkörperte, denn der Begriff *personare* bedeutet *hindurchtönen*. Und diese Maske, sprich die Person, verdeckt oftmals das wahre Sein.

Die echte Identität eines Menschen wird erst sichtbar, wenn sich dieser mit seiner Essenz, seinem wahrhaften Wesenskern beschäftigt. Dazu kann das Herz, ganz besonders im kohärenten Modus, den Zugang ermöglichen. Ergänzend arbeite ich im Rahmen eines Holistic Coachings noch mit weiteren Methoden, um die Essenz des Menschen erkennbar zu machen. Sehr oft zeigen sich dabei verschüttete und bislang nicht entdeckte Aspekte. Damit wird eine umfangreiche Selberkenntnis und nicht selten eine Neuausrichtung ermöglicht.

Sinn und Sein

Wer seine Berufung kennen und von ganzem Herzen verwirklichen möchte, der kommt nicht umhin, sich mit dem Sinn seines Daseins auseinanderzusetzen.

Als Experte in Sachen Sinn galt der Neurologe und Psychiater Viktor Frankl. Er vertrat die Grundthese, dass der Mensch ein Wesen auf der Suche nach Sinn sei, das nicht nur glücklich sein, sondern auch einen Grund dafür haben möchte. Sinndefizite galten für ihn als Ursache vieler seelischer Konflikte. So führt unerfüllter oder auch falsch erfüllter Sinn zu, wie er es formulierte, „existenzieller Frustration". Frankl, der selbst das Konzentrationslager überlebte, beschrieb, dass viele, vor allem junge Menschen, zu ihm kamen mit der Aussage: *„Das Leben gibt mir nichts, es gibt mir keinen Sinn!"* Woraufhin er diese Menschen mit der Gegenfrage ermutigte: *„Was geben Sie dem Leben, welchen Sinn verleihen Sie ihm?"* Diese hochspannende Frage impliziert, dass wir als Menschen eine freie Wahl des Sinnbezugs haben und wir diesem Ausdruck verleihen können.

Darüber hinaus wird etwas deutlich, was man bereits an dem Wort Sinnfindung erkennen kann. Es lässt darauf schließen, dass Sinn etwas ist, was man suchen muss, damit man es letztendlich finden kann. Und viele Menschen suchen nur zu gern im Außen. Wenn jedoch etwas bereits in unserem Herzen und in unserem Sein vorhanden ist, dann muss es nicht gesucht werden. Möglicherweise aber will es – im wahrsten Wortsinn – entdeckt werden. Weil wir es vielleicht zugedeckt haben mit Werten und Normen, die nicht uns selbst entsprechen, sondern die wir im Laufe des Lebens von anderen übernommen haben. Wir können auch etwas bewusst mit einem Sinn versehen, was im Endeffekt dem Wort Sinngebung gleichkommt.

Im Grunde ist die Entdeckung des eigenen Lebenssinns nicht so schwer, wie sie vielleicht manchmal anmutet. Indem Sie beginnen, sich Fragen zu stellen wie:

„Was macht mich besonders?", „Worin bin ich einzigar-
tig?", „In welcher Sache bin ich Spezialist?", „Wobei hüpft
mein Herz?", „Was tue ich von Herzen gerne?", „Welchen
Nutzen kann ich anderen Menschen bieten?"

Die Antworten auf diese Fragen lassen Sie erahnen, was Sie sich möglicherweise einmal für dieses Leben vorgenommen haben und was Sie in die Welt bringen wollen. Es geht wohl darum, mit Leidenschaft genau das zu tun, was Ihrem Wesen entspricht, und sich jeden Tag an einer begeisternden Tätigkeit zu erfreuen. In dem Moment, wo Sie das tun und leben, werden Sie Erfüllung in sich spüren. Dieses tiefgreifende Zufriedenheitsgefühl ist das, was Ihrem Leben Sinn verleiht.

Jeder, der wahrhaft Sinn und Erfüllung in seiner beruflichen Tätigkeit findet, kann sich glücklich schätzen. Meiner Ansicht nach bedeutet das nicht zwingend, einen außergewöhnlichen Beruf, eine künstlerische Tätigkeit oder ein eigenes Unternehmen zu haben, wie viele oft glauben. Auch als Autoverkäufer oder Tagesmutter können Sie Sinnerfüllung in Ihrer Arbeit erfahren, denn es geht nicht darum, welche Tätigkeit Sie ausüben, sondern was Sie damit bewirken, wie beispielsweise anderen Vergnügen bereiten oder sie auf ihrem Lebensweg zu fördern. Unter meinen Klienten kenne ich etliche Reiseberater, bei denen mir das begeisterte Funkeln in ihren Augen auffällt, weil sie ihrem Beruf mit Leidenschaft nachgehen. Dabei wissen sie, dass sie im Grund keine Reisen verkaufen. Sie erfüllen Wünsche und lassen Träume wahr werden, sie ermöglichen Genuss, Lebenslust, Freude und Horizonterweiterung.

Selbstführung

Führung beginnt bei sich selbst. Durch gezielte Methoden der Selbstorientierung und Selbstführung erhöhen Sie Ihr individuelles Gestaltungsbewusstsein sowie den Grad an Eigenverantwortung. Selbstführung bedeutet, sich selbst besser zu kennen, die eigene Entwicklung zu reflektieren, die persönlichen Stärken zu schätzen und Klarheit über die individuellen Ziele zu haben. Darüber hinaus gilt es, achtsam mit den eigenen Ressourcen zu haushalten und zu lernen, mit Stress und Belastungen besser umgehen zu können.

Sich selbst und damit die eigenen Emotionen zu managen, erfordert zunächst eine gute Selbstwahrnehmung. Halten Sie hin und wieder inne, um in sich hineinzuspüren und um sich Fragen zu stellen wie beispielsweise: *„Wie geht es mir gerade?", „Wie fühle ich mich in diesem Moment?"* oder *„Was brauche ich jetzt, damit es mir wieder gut geht?"* Kennen Sie Ihre Grenzen und sagen auch mal *„nein"*? Nehmen Sie sich genügend Zeit für Ihre eigenen Wünsche und Bedürfnisse?

Die Herzkohärenz ist meines Erachtens eine der besten Methoden für ein gut gelingendes Emotionsmanagement. Der Schlüssel zur Kohärenz ist das Erleben echter positiver Gefühle. Je intensiver Sie diese wahrnehmen können, desto stärker der Effekt und umso tiefer die messbare Kohärenz. Studien zeigen, dass es in sehr kurzer Zeit zu kohärenten Mustern der Herzratenvariabilität sowie der Hirnströme, zu einer harmonischeren Atmung und somit zu einem ausgeglichenen autonomen Nervensystem führt, wenn man sich per Vorstellungskraft auf sein Herz und auf positive Gefühle konzentriert.

Auch wenn es Ihnen einmal emotional nicht gut geht oder wenn Sie beispielsweise kurz zuvor ein stressiges Erlebnis hatten oder ein schwieriges Gespräch führen mussten, ist es möglich, die innere Verfassung wieder in eine positive Richtung zu verändern. Mit einer Bewusstwerdung des Herzens über die Atmung und einer positiven emotionalen Erinnerung haben Sie die Möglichkeit, Ihr Herz umzustimmen. Wenn Sie aus dieser neuen emotionalen Grundstimmung das Herz in Ihre Betrachtungsweise einbeziehen, sendet dieses seine neue Wahrnehmung der Situation an das Gehirn. Der Verstand wäre aus sich heraus nicht in der Lage, der Situation eine neue emotionale Färbung zu geben.

Gefühle entstehen allerdings nicht, indem man sie sich einfach per Willenserklärung vornimmt, denn sie lassen sich nicht mit dem Verstand erzeugen. Ebenso wenig lassen sie sich durch die Ratio wegdiskutieren. Emotionen sind weit weniger direkt kontrollierbar als beispielsweise motorische Körperfunktionen. Doch jeder Mensch hat positive emotionale Erinnerungen in sich abgespeichert und wenn Sie sich gezielt auf diesen Erinnerungsspeicher fokussieren, dann gelingt Ihnen eine emotionale Umstimmung. Das Ziel lautet dabei nicht immer, vom größten Stress unmittelbar in die höchste Freude zu wechseln. Wenn es Ihnen gelingt, mit nur wenigen Atemzügen einen emotional neutralen Zustand herzustellen, ist viel erreicht.

Individuelle Stressbewältigung

„Ich habe ja so viel Stress!" Dieser Satz hat in unserer modernen westlichen Gesellschaft seinen festen Platz. Man hört ihn teils schon von Kindern, die von einem Termin zum nächsten hetzen. Stress scheint allgegenwärtig. Das Thema ist so präsent, dass wir fast ständig davon reden und in nahezu jeder Zeitschrift – ob für Manager oder in Frauenmagazinen – darüber lesen. Es mutet schon fast komisch an, wenn jemand keinen Stress hat. Zumindest erntet man bei dieser Aussage skeptische Blicke, nicht selten auch die Unterstellung, dann muss man ja wohl faul und bequem sein. Offensichtlich wird Stress in unserer Gesellschaft mit hohem Leistungswillen gleichgesetzt.

Als Fach- oder Führungskraft sind Sie zweifelsohne einem ziemlichen Stresslevel ausgesetzt. Viele erleben am Arbeitsplatz eine Überbelastung verursacht durch Leistungsmenge, Arbeitstempo und Zeitdruck. Oft kombiniert mit Überforderungen durch Informationsflut, ständig erreichbar sein zu müssen und fortwährende Unterbrechungen. Hinzu gesellen sich außerdem eine hohe Verantwortung für Personen und Werte und manchmal eine schleichende Angst vor Misserfolg bis hin zum Konkurrenzdruck.

Vielleicht kommen Ihnen körperliche Symptome wie Verspannungen, Rückenschmerzen, Schlafstörungen, erhöhter Blutdruck oder sogar Herzrasen bekannt vor? Auch emotionale Schwankungen wie Aggression oder Depression und mentale Reaktionen wie Denkblockaden und Konzentrationsstörungen haben Sie schon erlebt? Stress erzeugt zudem ein Gefühl des Ausgeliefertseins, manchmal bis zur inneren Lähmung. Sich gefangen zu fühlen, sowohl in den äußeren Umständen als auch in dem Gefühl, den Anforderungen nicht mehr standzuhalten, legt sich dann wie ein Schraubstock um die Brust.

Möglicherweise geht es Ihnen ähnlich. Wenn ja, dann hat schon das Wort „Stress" in Ihnen etwas ausgelöst. Gerne lade ich Sie ein, zunächst einmal in sich hineinzuspüren. Wie würden Sie Ihr momentanes Stresslevel auf einer Skala von null bis zehn einstufen?

WAHRGENOMMENER STRESS

| 0 | 1 | 2 | 3 | 4 | 5 | 6 | 7 | 8 | 9 | 10 |

| KEIN STRESS | MITTLERER STRESS | STARKER STRESS |

Ohne Frage ist dies eine subjektive Einschätzung und keine objektive Messung. Auch wenn Stress tatsächlich auf unterschiedliche Weise gemessen werden kann, ist doch die persönliche Einstufung des gefühlten Stresses enorm wichtig. Menschen, die stark unter Stress stehen oder gar von einem Burn-out betroffen sind, haben oft den Kontakt zu sich selbst und ihren Gefühlen verloren. Sie sind zu einem gewissen Grad empfindungslos geworden. Immer wieder lässt sich feststellen, dass Menschen ihren inneren Stress, ob auf körperlicher, mentaler oder emotionaler Ebene, kaum bewusst wahrnehmen, obwohl die objektiv aufgezeichneten Messwerte ein alarmierendes Ergebnis vorlegen.

Stellen Sie sich gerne immer mal wieder die Frage, wo Sie auf Ihrer gefühlten Stressskala gerade stehen, denn die obige Einordnung ist stets auch situativ, also eine Momentaufnahme. Ihre Antwort auf dieselbe Frage könnte in einer Woche oder in einem Monat, möglicherweise bereits morgen, eine andere sein.

Ein wichtiger Aspekt ist, was jeder Einzelne unter Stress tatsächlich versteht. Meiner Beobachtung nach könnte der anfangs formulierte Satz auch ersetzt werden mit *„Ich habe ja so viel zu tun!"*, denn bekanntermaßen definieren viele Menschen Stress als ein Zuviel an Arbeit oder auch ein Zuviel an Terminen, meist kombiniert mit zu wenig verfügbarer Zeit. Zugegeben, das kann wirklich stressig sein, doch es wäre nicht annähernd zutreffend, Stress einzig auf die Quantität von Arbeit oder Terminen zu reduzieren. Es gibt durchaus Leute, die sehr viel arbeiten und dennoch keinen Stress dabei empfinden, während umgekehrt auch ein Zuwenig an Arbeit, wie beispielsweise bei einem Arbeitslosen, als Stress wahrgenommen wird.

Fragt man den Duden, dann wird Stress als eine physische oder psychische Überbelastung bezeichnet. Diese geht vor allem mit dem Gefühl einher, es körperlich nicht mehr zu schaffen und/oder der Situation emotional nicht mehr standhalten zu können. Besonders Konflikte sind in der heutigen Zeit eine der größten Stressquellen. Stress kann sich – ob bewusst wahrgenommen oder nicht – auf drei Ebenen äußern: auf der körperlichen, der mentalen und der emotionalen. Häufig zeigt sich eine Kombination aus allen dreien. Solange der menschliche Organismus die Stresssituation ohne gesundheitliche Beeinträchtigung bewältigen kann, ist der Stress weitgehend unproblematisch. Und wer darüber hinaus aus kritischen Lebenssituationen gestärkt hervorgeht, erlangt Resilienz.

Stress kostet nicht nur Gesundheit und Lebensqualität – manche bezahlen sogar mit ihrem Leben. In Japan beispielsweise spricht man von „Karoshi". Darunter versteht man Tod durch Überarbeitung. Laut japanischen Gesundheitsfachleuten sterben jährlich etwa 30.000 Menschen an Karoshi, die Dunkelziffer ist dabei nicht eigerechnet. Ist es vielleicht nur noch eine Frage der Zeit, bis der Begriff Karoshi bei uns genauso populär wird wie Burn-out?

Unternehmen kann es viel Geld kosten, wenn Mitarbeiter ausbrennen. Stress lähmt wirtschaftlichen Erfolg. Produktivität, geringere Fehlzeiten, loyale, engagierte und zufriedene Mitarbeiter resultieren aus einer qualitativ hochwertigen Unterstützung durch resiliente Führungskräfte. Dies zeigt sich in Wachstum, Rentabilität und Kundentreue.

Sie können lernen, wie Sie sehr einfach Ihre individuellen Stressreaktionen über das Herzkohärenz-Training positiv beeinflussen, indem Sie Ihren Herzrhythmus gezielt und bewusst harmonisieren. Es ist eine Selbstregulationstechnik, die Ihr gesamtes System physisch, mental und emotional in Einklang bringt. Der Grad der Herzharmonie sagt viel darüber aus, inwieweit sich ein

Mensch selbst regulieren kann und damit in der Lage ist, seine Emotionen, Verhaltensweisen und Kommunikationsqualität zu steuern.

Die Herzkohärenz-Methode ist damit ein grundlegendes Modell für ein erfülltes berufliches und persönliches Leben. Einerseits wirkt sie präventiv und erhöht Ihre Stressresistenz und damit Resilienz, und andererseits können Sie so selbst im akuten Moment des Stresses effektiv und effizient handeln und Ihre Reaktion und Kommunikation bewusst steuern. Maßgeblich ist nicht, ob Sie eine Stressbelastung lange aushalten, sondern ob Sie selbst etwas zur Veränderung der Situation unternehmen können bzw. wie Sie innerlich auf individuelle Stressauslöser reagieren.

Die Herausforderung und gleichzeitig auch die Chance bestehen darin, zu lernen, wie Sie mit Ihren Stressreaktionen umgehen und die Körpersysteme so beeinflussen können, dass diese *für* statt *gegen* Sie arbeiten. Ihre Emotionen in den Griff zu bekommen, *während* Sie Stress erleben statt erst hinterher, das transformiert Ihre gewohnte Stresssituation. Dazu braucht es keinen Rückzug und keinen erhöhten Zeitaufwand, denn es funktioniert überall im Alltag – zu Hause, im Büro oder unterwegs.

Der Seminarteilnehmer Holger F. schildert seine persönliche Erfahrung so: *„Als Vertriebsleiter arbeite ich oft im Außendienst und bin quasi ständig unterwegs. Die vielen und nicht immer einfachen Kunden- und Mitarbeitergespräche, die ich jeden Tag führe, rauben mir ganz schön Energie. Außerdem sitze ich viel im Auto und* ärgere mich über Verkehrschaos, Staus und Radarfallen. Ich fühle mich oft schon in der Mitte der Woche total ausgelaugt und warte nur noch, dass endlich das Wochenende kommt. Aber schon am Sonntagvormittag ist es aus und vorbei mit der Ruhe, weil ich in Gedanken schon wieder unterwegs zu Kunden bin oder eine Besprechung vorbereite. Ich strenge mich sehr an, um gute Leistungen zu bringen, denn bei der wirtschaftlichen Lage unserer Firma weiß man nie, wie's um den Arbeitsplatz bestellt ist. Irgendwie hab ich das Gefühl, dauernd unter Spannung zu stehen. Dann hab ich die Herzkohärenz für mich entdeckt. Ich fand's toll, dass das Unternehmen das in Verbindung mit einem Verkaufstraining für uns angeboten hat. Da hab ich gemerkt, dass mir diese Methode nicht nur ganz viel für die Kunden- und Mitarbeitergespräche bringt, sondern mir total hilft, mit meinem Dauerstress umzugehen! Jetzt übe ich täglich ein paar Minuten, und zwar mitten im Alltag. Und ich merke, dass ich mich jeden Tag besser fühle!"

Vitalität und Leistungsfähigkeit

Die Herzkohärenz-Technik ist eine hervorragende Möglichkeit, um positiv auf Lebenskraft und Leistungsvermögen Einfluss zu nehmen. Ein beachtenswerter Aspekt dabei ist, dass Herzkohärenz nicht das Gleiche ist wie Entspannung. Stellen Sie sich doch mal für einen Moment lang vor, sie räkeln sich locker und entspannt auf Ihrer Couch. Wie hoch wäre Ihre Leistungserbringung in diesem Moment? Sie läge bei null.

Kohärenz hingegen ist die Balance zwischen Anspannung einerseits und Entspannung andererseits – hervorgerufen durch das Gleichgewicht im autonomen Nervensystem. Es ist genau die ausgewogene Mitte, aus der heraus es sich flexibel in beide Richtungen bewegen lässt. Als inneres Bild habe ich manchmal das einer Katze, wie sie ruhig und regungslos daliegt und binnen Sekundenbruchteilen entweder hellwach hochschnellen und in den Jagdmodus wechseln oder auch genüsslich in den Schlaf sinken kann. In der Kohärenz ist die Flexibilität, das Körpersystem in beide Varianten zu verändern, äußerst hoch. Außerdem ist der Energieverbrauch sehr niedrig bzw. es wird nicht mehr Energie ausgeschöpft, als die Ressourcen hergeben. Da sich die meisten Menschen heutzutage allerdings eher in einem Modus der energieraubenden Überspannung befinden und ihre Energiespeicher – sowohl körperlich als auch emotional – oft derart überbeanspruchen, dass sie kaum noch Reserven haben, können Entspannungsmethoden durchaus dazu beitragen, dass der Grad an Spannung ein wenig nachlässt. Der Zustand der Entspannung selbst kann aber nicht das grundlegende Ziel sein, speziell, wenn wir Leistung erbringen wollen.

Aus Erfahrung kann ich Ihnen sagen, wenn ich einen Unternehmer oder Personalchef frage, ob er entspannte Mitarbeiter möchte, dann winkt dieser entschieden ab. Gewünscht sind vielmehr vitale, leistungsfähige, wache, motivierte und engagierte Mitarbeiter. Entspannen kann man daheim. Aus unternehmerischer Sicht ist dies auch völlig in Ordnung. Wurde allerdings das Prinzip der Kohärenz und deren Vorteile verstanden, ist das Interesse meist geweckt. Kohärente Mitarbeiter sind gesund und fit, was sich positiv auf den Krankenstand auswirkt. Sie können sich leichter konzentrieren, sind kreativ und fällen gute Entscheidungen. Sie sind besser gelaunt und gestalten Beziehungen positiv – sei es unter Kollegen oder mit Kunden.

Fachleute sagen, dass bis zu 95 % aller Krankheiten heutzutage stressbedingt sind. Besonders chronische Erkrankungen werden durch Stress ausgelöst oder von ihm verstärkt. Dies wirkt sich nicht nur auf der körperlichen Ebene aus, sondern auch auf der emotionalen.

Sobald das Körpersystem Stress wahrnimmt, verändert sich der Herzrhythmus, er wird disharmonisch, also inkohärent. Stress und die daraus resultierenden Gedanken und subtilen Emotionen beeinflussen unmittelbar die Herzfrequenz und somit die Aktivität und das Gleichgewicht im autonomen Nervensystem. Dieses steht mit dem Verdauungssystem, dem kardiovaskulären System, dem Immunsystem und dem Hormonsystem in Wechselbeziehung – was die Symptomatik vieler körperlicher Beschwerden erklärt.

Beispielsweise reichen fünf Minuten Stress aus, damit das Immunsystem seine Abwehrkräfte für sechs Stunden herabsetzt. Umgekehrt – und das ist eine gute Nachricht – sorgen fünf herzkohärente Minuten dafür, dass die körperliche Abwehr für sechs Stunden gesteigert wird. Bezogen auf das hormonelle System bedeutet Inkohärenz einen deutlichen Anstieg der Stresshormone Adrenalin und Kortisol und zwar mit allen negativen gesundheitlichen Folgen. Der Modus der Herzkohärenz sorgt hingegen dafür, dass der Körper verstärkt Wohlfühlhormone produziert wie beispielsweise Dopamin, Serotonin, Oxytozin und Dehydroepiandrosteron, kurz DHEA. Das erklärt, weshalb wir die Wirkung schnell auch auf der emotionalen Ebene wahrnehmen.

Sobald der Herzrhythmus nicht mehr in seiner natürlichen Ordnung ist – was von einer durch den Arzt diagnostizierten Herzrhythmusstörung noch weit entfernt ist – erhöht sich sogleich der Blutdruck. Ein dauerhaft zu hoher oder auch ein labiler Blutdruck ist sehr häufig ein Stresssignal.

Ich erinnere mich an eine Seminarteilnehmerin, die intensiv mit dieser Symptomatik zu tun hatte. Ihre Erfahrung mit Herzkohärenz beschreibt sie so: *„Ich leide seit Jahren an Bluthockdruck. Besonders in stressigen Momenten schnellt er extrem in die Höhe. Beim Herzkohärenz-Seminar wollte ich bei der Übung, um die Herzkohärenz herzustellen, zuerst nicht mitmachen. An diesem Tag ging es mir gesundheitlich besonders schlecht. Trotz beachtlicher Medikamentendosis war der Blutdruck äußerst hoch, was mir sogar anzusehen und anzumerken war. Ich wusste, dass die Übungsergebnisse gemessen und am Bildschirm sichtbar gemacht werden. Da ich aber fest davon überzeugt war, dass die Übung bei mir nichts bringen würde, schon gar nicht in meinem extremen Zustand, wollte ich mich nicht noch zusätzlich frustrieren. Nach einer Weile überlegte ich es mir anders und setzte mich an den Monitor. Ich war erstaunt, dass die Wirkung nach nur wenigen Minuten spürbar und messbar einsetzte. Mein Herzrhythmus harmonisierte* sich in kurzer Zeit und damit mein gesamtes System. Selbst meine zuvor hochrote Gesichtsfarbe normalisierte sich. Ich war so glücklich, dass es so leicht und gut funktionierte, dass ich hochmotiviert den Entschluss fasste, diese Übung zur täglichen Routine werden zu lassen. Das gönne ich mir!"

Ähnlich positive Auswirkungen erlebe ich in meinen Herzkohärenz-Trainings erstaunlich oft. Gut 90 % der Teilnehmenden gelingt es erfahrungsgemäß nach kurzer Zeit – meist spätestens in der zweiten Übungssequenz – einen positiven Grad an Herzkohärenz herzustellen. Die restlichen brauchen manchmal ein bisschen mehr Zeit. Doch mit Übung allein ist es nicht immer getan. Teilweise ist es so, dass innerlich, auf unterbewusster Ebene, etwas neu ausgerichtet werden möchte. Dafür empfiehlt sich ein Einzelcoaching. Denn Stress entsteht oft auch, wenn im Leben Vorstellungen und Erwartungen „wie etwas zu sein hat" nicht mit der Realität übereinstimmen. Je größer die Diskrepanz zwischen den inneren Bildern und den äußeren Umständen, desto intensiver das Gefühl der Unzufriedenheit und Unzulänglichkeit und umso größer der innere Konflikt. Hier lautet das Ziel, Gegebenheiten im Leben mit einer veränderten inneren Haltung zu begegnen oder unterbewusste Muster so zu verändern, dass sich schlussfolgernd emotionale Reaktionen ebenso wie Handlungsweisen im Außen verändern. Der holistische Coachingansatz hat dafür wirkungsvolle Vorgehensweisen.

Das zuvor erwähnte DHEA hat erfreulicherweise obendrein eine kräftigende, ja sogar verjüngende Wirkung auf unser Körpersystem. Deshalb wird es auch als sogenanntes Jungbrunnenhormon bezeichnet. Das Verhältnis von Kortisol und DHEA ist ein biologischer Marker für Stress- und Alterungsprozesse. DHEA hat einen besonders positiven Effekt auf die Leistungsfähigkeit. Daher wundert es nicht, dass es – künstlich hergestellt und als Mittel verabreicht – sogar auf der internationalen Dopingliste steht. Dieses Hormon geht übrigens immer mit einer guten Laune einher. Ein Arzt, der mit mir die Ausbildung am HeartMath-Institut absolviert hat, nennt es *„Die-Hyper-Entspannte-Ausgeglichenheit"*. Eine wirklich schöne Merkhilfe für DHEA.

Hier findet sich die Verbindung zur vorab genannten Stressresistenz wieder. Je höher der Spiegel an Wohlfühlhormonen im Organismus, desto geringer die Anfälligkeit für Stress – oder anders ausgedrückt: Eine höhere Resilienz bedeutet, nicht so schnell und heftig auf Stress zu reagieren. Es ist übrigens nicht nötig, Glückshormone in medikamentöser Form von außen zuzuführen. Sie können auf einfache Weise selbst hergestellt werden, indem Sie für Ihre Herzkohärenz und damit für Ihr emotionales Wohlbefinden sorgen.

Selbstverantwortung

Der Begriff Verantwortung bezeichnet nach verbreiteter Auffassung die Pflicht einer handelnden Person angesichts einer anderen Person. Aus meiner Sicht besteht Verantwortung vorrangig aus der Gewissenhaftigkeit gegenüber unseren eigenen Entscheidungen und Handlungen und damit auch den Aufgaben, die wir übernehmen. Unser Normgeber ist eine verlässliche innere Instanz – die Kombination aus Herz und Verstand –, die eine moralische Instanz beinhaltet. Gemeint sind das Gewissen und die Achtung vor dem „großen Ganzen".

Ein eigenverantwortlich handelnder Mensch, der für sich und die Ergebnisse seines Handelns einsteht, ist ein machtvoller und schöpferischer Mensch. Er traut sich, in Aktion und Umsetzung zu gehen, aus Ergebnissen und Feedbacks zu lernen und in neuen Situationen sein Verhalten zu optimieren.

Doch warum gehen viele Menschen nicht in ihre Verantwortung? Weshalb stehen sie nicht für ihre Lebensumstände ein und gestalten ihr Dasein eigenverantwortlich? Vielleicht, weil viele Verantwortung mit einer Pflicht oder gar Schuld gleichsetzen und diese mit Verben wie „müssen", „sollen" und „nicht dürfen" verbinden, die eher Last und Schwere darstellen statt Freude und Leichtigkeit. Vielleicht aber auch, weil einerseits in unserer Kultur Rituale dafür fehlen und andererseits offensichtlich die Ausbildung verantwortungsvoller und entscheidungsfähiger Menschen nicht im allgemeinen Erziehungsplan vieler Gesellschaften steht. Naturvölker haben meist Riten und Bräuche, in denen Jugendliche durch Verantwortungsübernahme ihre Aufnahme in den Erwachsenenstatus rechtfertigen; während in Mitteleuropa beispielsweise auch ein 21-Jähriger – augenscheinlich Erwachsener? – noch unters Jugendstrafrecht fallen kann, weil man ihm seine Strafmündigkeit und damit seine Verantwortlichkeit abspricht. Doch wenn jemand nicht gewissenhaft für seine Taten einzustehen hat, zementiert das seinen Opferstatus und lässt den Menschen nicht seine wahre Größe einnehmen.

Sowohl in Einzelcoachings als auch in ganzen Gruppen oder Teams in Unternehmen erlebe ich immer wieder Menschen, die vielmehr eine Opferrolle einnehmen statt der eines kraftvollen Gestalters. Für manche scheint es eine durchaus behagliche Haltung. Das Opferdasein offenbart eine Reihe von Vorteilen, die nicht zu missachten sind. Neben Aufmerksamkeit, Mitleid und anderen Zuwendungen verschafft es außerdem einen hohen Grad an Bequemlichkeit, denn es ist stets etwas oder jemand anderes schuld an der Situation des Opfers und steht der Veränderung im Weg. Doch wer Schuldige sucht und der Frage hinterherjagt, warum etwas so ist wie es ist, entwickelt keine Lösungen und übernimmt schon gar keine Verantwortung für sich und seine Situation. Bereits 300 vor Christus bemerkte der Philosoph und Konfuzius-Nachfolger Mong Dsi: *„Die Verantwortung für sich selbst ist die Wurzel jeder Verantwortung."*

In Teams und Unternehmen wird gerne gejammert und schnell die Schuld auf den Chef oder den Kollegen geschoben. Wenn derjenige nur mehr von diesem täte oder jenes lassen würde, dann wäre alles anders. Doch man selbst sei ja nur ein kleines Rädchen und könne nichts ausrichten. Manchmal höre ich Sätze wie: *„Wenn ich den Laden leiten würde, wäre hier vieles anders!"*

Ehrlich, ich wünschte, so jemand würde tatsächlich mal nur für einen einzigen Tag die Verantwortung für ein ganzes Unternehmen tragen! Ob er dann noch immer so klingen würde? Zugegeben, viele Unternehmen haben das Thema Verantwortung auch noch nicht in der Tiefe verstanden, wie der kommende Beitrag des Gastautors Alfred Tolle aufzeigt.

So sind wir doch alle ein Teil des Ganzen. Indem wir etwas in oder an uns verändern – wie beispielsweise unsere Einstellung oder unser Handeln – verändern wir automatisch auch etwas im Außen. Wir tragen stets in irgendeiner Form zu dem bei, was uns widerfährt – sei es auf bewusste oder unbewusste Weise. Damit werden wir zum aktiven Gestalter unserer Realität.

Eigenverantwortliche Menschen haben auch ein gut ausgeprägtes Selbstwertgefühl. Sie können sich selbst wertschätzen und wissen, dass es wichtig ist, sich gut um sich selbst zu kümmern. Sie sorgen für sich und ihr Wohlergehen, sind rücksichtsvoll und großherzig sich selbst gegenüber und wissen mit ihren wertvollen Ressourcen zu haushalten. Sie fordern sich selbst, ohne sich dabei zu überschätzen, und können gleichzeitig eine gesunde, förderliche Selbstkritik üben. Und sie kennen die Gratwanderung zwischen sich selbst anzuspornen, zu beanspruchen und damit ihre Entwicklung zu fördern und andererseits Entspannung, Einkehr und Rückbesinnung, um wieder Kraft zu tanken. Sie sind sich selbst ein Anker und können gelassen in sich ruhen, auch wenn um sie herum das Leben tobt. Wer liebevoll mit sich selbst ist, kann anderen beherzt begegnen. Die folgende Übung unterstützt Sie dabei.

Übung Herz-Anker

1. Setzen oder legen Sie sich bequem hin. Wenn Sie möchten, schließen Sie die Augen.

2. Lassen Sie nun mit der Übung, die Sie schon kennen, bewusst in sich den herzharmonischen Zustand, also die Herzkohärenz, entstehen, indem Sie Ihren Fokus auf Ihr Herz, Ihre Atmung und auf ein angenehmes Gefühl lenken.

3. Achten Sie darauf, dass es sich nicht um irgendein beliebiges angenehmes Gefühl handelt, sondern, dass Sie bewusst Liebe in sich aufsteigen lassen. Nehmen Sie dabei nicht nur das Gefühl, sondern auch die Empfindung auf der Körperebene, insbesondere in Ihrem Herzen, wahr. Verankern Sie es dort.

4. Lenken Sie nun dieses Gefühl gezielt zu sich selbst, so dass Sie sich in einer Wahrnehmung von Selbstliebe und Selbstachtung befinden. Halten Sie dieses Erleben so lange aufrecht, wie es sich für Sie gut anfühlt. Lassen Sie zu, dass diese Liebe für Sie selbst mit jeder Übung immer stärker und intensiver wird.

5. Wenn es für Sie stimmig ist, dann machen Sie sich zusätzlich bewusst, über welche Stärken Sie verfügen. Was macht Sie besonders? Welche Eigenschaften und Fähigkeiten zeichnen Sie aus? Was ist der größte Nutzen, den Sie in die Welt bringen können? Lenken Sie Ihren Fokus und Ihre Achtung gezielt auf alle positiven Aspekte Ihres Selbst.

Fazit und Nutzen

- ✓ Herzkohärenz ermöglicht eine positive Selbsterkenntnis, die eine bejahende innere Ausrichtung zur Folge hat.

- ✓ Selbstführung setzt die Bereitschaft voraus, Eigenverantwortung zu übernehmen und für sich und seine Handlungen einzustehen. Im Modus der Herzkohärenz gelingt es, innere Werte mit dem Handeln in Übereinstimmung zu bringen.

- ✓ Selbstführung beschreibt auch die Fähigkeit, sich und seine Emotionen zu managen. Die Herzkohärenz ermöglicht in kurzer Zeit eine nachhaltige Selbstregulation.

- ✓ Der Modus der Herzharmonie ermöglicht Vitalität und Leistungsfähigkeit – sowohl physisch, als auch mental.

- ✓ Mehr Energie und ein erhöhtes Leistungsvermögen der Mitarbeiter führen in vielen Unternehmen zu einem geringeren Krankenstand.

- ✓ Der Modus der Herzkohärenz sorgt dafür, mit Stress besser umgehen zu können und selbst im akuten Moment des Stresses effektiv und effizient handeln sowie die Kommunikation bewusst steuern zu können.

- ✓ Stressresistenz und Resilienz erhöhen sich, so dass einem Burn-out frühzeitig vorgebeugt werden kann.

**Der Keim der Vollkommenheit
in unseren Herzen
muss durch Mitgefühl aktiviert werden.**

Dalai Lama

Unternehmens-Kompetenz mit Herz

Gastbeitrag von Alfred Tolle

Wo stehen wir heute? Globalisierung, vor allem getragen durch eine exponentielle technologische Entwicklung, führt uns in eine komplexe und unsichere Welt, die viele Menschen überfordert. In vielen Unternehmen herrscht Ratlosigkeit angesichts einer Situation, die mit *VUCA* – *Volatility* (Unbeständigkeit), *Uncertainty* (Ungewissheit), *Complexity* (Komplexität) und *Ambiguity* (Mehrdeutigkeit) – bezeichnet wird. Der Begriff wurde vom amerikanischen Militär zur Beschreibung der Zeit nach dem Ende des Kalten Krieges eingeführt.

Alte Denkweisen der Ego-Maximierung und der Glaube an unbegrenztes Wachstum stoßen an ihre Grenzen. Hinzu kommen ökologische und soziale Probleme, die unsere bestehenden politischen, wirtschaftlichen und gesellschaftlichen Instanzen zu überfordern scheinen. In Folge sehen wir weltweit eine Akzeptanz radikaler Ideen in Politik und Gesellschaft, die mit einem Werteverfall, einer wachsenden Depressions- und Selbstmordrate, zunehmender Umweltzerstörung und sozialer Ungleichheit einhergeht.

Derzeit verbraucht die Weltgemeinschaft im Durchschnitt 1,5 Welten pro Jahr – Tendenz steigend. Der soziale Frieden ist massiv gefährdet in einer Welt, in der 64 Milliardäre über mehr Reichtum verfügen, als die unteren 50 % der Weltbevölkerung (Oxfam Report 2016). Die Depressionsrate liegt laut einer Studie der Vereinten Nationen bei circa 10 % der Weltbevölkerung, wobei der größte Anteil in den Industriestaaten zu verzeichnen ist. Wir brauchen eine radikale Wende, die stets mit einer inneren Erkenntnis beginnt. Schon Mahatma Gandhi sagte: *„Du musst die Veränderung sein, die du in der Welt sehen willst."*

Bill O'Brien, von 1979 bis 1991 Geschäftsführer der Hanover Insurance, spricht von einem *inner shift*, einer notwendigen Veränderung des eigenen Selbstverständnisses, die Erfolg erst möglich macht. O'Brien ist davon überzeugt, dass die meisten Probleme eines Unternehmens nicht auf zu wenig Wissen und einen Mangel an Fertigkeiten zurückzuführen sind, sondern auf das Fehlen menschlicher Werte und Tugendhaftigkeit.

Otto Scharmer schreibt in seinem Buch „Von der Zukunft her führen" von einer bevorstehenden Möglichkeit, die wir spüren, fühlen und verwirklichen können, indem wir den inneren Ort, von dem aus wir handeln, öffnen und erweitern. Dieser innere Perspektivenwechsel, von der Bekämpfung des Alten hin zu einem Erspüren und Vergegenwärtigen der höchsten zukünftigen Möglichkeit, bildet den Kern substantieller Führungsarbeit. Dieser Umschwung erfordert, unser Denken vom Kopf-Feld auf das Herz-Feld zu erweitern.

Indem wir uns wieder auf unser Herz besinnen, bekommen wir Antworten auf die wichtigen Fragen unseres Lebens: *„Warum bin ich hier? Was ist meine Aufgabe?"* Dies gilt sowohl für den Einzelnen auch für Unternehmen und große Organisationen. In VUCA-Zeiten haben Struktur und Strategie nur eine kurze Halbwertszeit, weshalb der Kultur ein immer größerer Stellenwert im Unternehmen eingeräumt wird. Auf den bekannten Unternehmensberater Peter Drucker ist der Satz *„Culture eats Strategy for Breakfast"* zurückzuführen, der die Wirtschaftswissenschaften maßgeblich geprägt hat. Noch heute bestimmt er die wirtschaftswissenschaftliche Ausrichtung beispielsweise der amerikanischen Eliteuniversität Stanford. Aber was ist eine gute Unternehmenskultur? Was macht Unternehmen kohärent?

Unternehmenskultur – Quo vadis?

Im Wettbewerb um die besten Arbeitskräfte überbieten sich Google, Facebook, Apple und andere mit Angeboten wie freiem Essen, Massagen, Fitnessräumen im Unternehmen und Seminaren für *Mindfulness* (Achtsamkeit). Zudem werden unterstützende Programme zur beruflichen und persönlichen Entwicklung angeboten. Das Gehalt ist nicht mehr das ausschlaggebende Kriterium für die Entscheidung der umworbenen Arbeitskräfte. Die Unternehmenskultur und persönliche Entwicklungsmöglichkeiten sind die maßgeblichen Kriterien. Das Versprechen des Unternehmens von einer jährlichen Wachstumsrate von mindestens 20 % an die Investoren und Anteilseigner heizt diesen Wettbewerb um die „Besten der Besten" an.

Auf meine Frage, warum Google diesem extremen Wachstumsgedanken entsprechen will, war die Antwort: *„Um den besten Fachkräften neben persönlichen und beruflichen Weiterbildungsangeboten auch attraktive Aktienpakete bieten zu können".* Und damit verschrieb sich das Unternehmen dem Kreislauf des „unbegrenzten Wachstums". Als ich im November 2011 im europäischen Hauptsitz von Google in Dublin anfing, lag die Quartalssteigerung „nur" bei 17 %, wodurch gesonderte Anstrengungen angemahnt wurden. Bei Erreichen der Ertragserwartungen winkten dann attraktive Bonuszahlungen.

Digitaler Kahlschlag

Das schnelle und starke Wachstum der Technologieunternehmen hat neue, weltweit agierende Player geschaffen, die alle bisherigen Konzepte und Produktionsweisen in Frage stellen und mit innovativen Lösungen ganze Unternehmensbereiche sterben lassen. Kodak, ein Unternehmen mit einst mehr als 180.000 Mitarbeitern, ist heute gänzlich vom Markt verschwunden.

Und es geht weiter mit bahnbrechenden Innovationen in der Biotechnologie, der Finanz- und Autoindustrie, der Energiegewinnung, der Medizintechnik, der Robotertechnologie und vielen anderen Bereichen. Die Welt teilt sich in begeisterte Mitmacher oder radikale Ablehner. Und dazwischen finden wir viele, die mit ihrem täglichen Leben so überfordert sind, dass sie sich mit solchen Themen entweder nicht beschäftigen können oder wollen.

Der Physiker Stephen Hawking hat vor kurzem in einem BBC-Interview davor gewarnt, dass künstliche Intelligenz das Ende der Menschheit bedeuten könnte. Was können, was sollen wir machen? Wird der Mensch am Ende Teil einer großen Maschine, die durch künstliche Intelligenz gesteuert oder besser gesagt regiert wird? Die in Kalifornien ansässige Singularity University ist davon überzeugt, dass Technologie die Antworten und Lösungen auf alle derzeitigen Probleme haben wird. Ihr geistiger Vater und Gründer ist Ray Kurzweil, der sich schon seit langem einsetzt für eine Verschmelzung von Mensch (Biologie) und Computertechnologie (Elektronik). Mit dem Aufkommen von RFID-Chips (*Radio-Frequency Identification*), die man sich unter die Haut einsetzen lassen kann, ist der erste Schritt in Richtung Trans-Human getan. Diese Technologie ist ein Sender-Empfänger-System zum automatischen und berührungslosen Identifizieren und Lokalisieren. Wenn wir bisher von einem gläsernen Konsumenten sprachen, ist dies der erste Schritt einer absoluten Übertragung unserer Persönlichkeit in die Cloud und damit zur Freigabe an den, der diese steuert. *Compassion digital* – ist das möglich? Wo bleiben unser Herz und unsere Seele dabei? Und sind wir so in der Lage, die Probleme der Welt zu retten? Ich denke nein. Es mündet eher in Chaos als in Kohärenz.

Unsere Potenziale

Wir haben als Menschen bislang nur einen kleinen Teil unserer Potenziale entdeckt. Der Biologe und Autor Bruce Lipton sagt, dass wir unser Leben mit nur 5 % unseres Bewusstseins steuern. 95 % werden durch das Unterbewusstsein geführt, das geprägt ist durch ein

Wertesystem, das wir von unseren Eltern und unserer Umgebung angenommen haben. Das bedeutet, dass wir zu 95 % nicht unserem eigentlichen Weg folgen, sondern dem unserer unterbewussten Glaubenssysteme und Beeinflussungen. Doch mit unserem Herzen könnten wir uns unseren eigentlichen Weg erschließen.

In seinem Buch „Immunity to Change" zeigt der amerikanische Entwicklungspsychologe und Autor Robert Kegan, unter welchen Voraussetzungen ein Wandel in der Unternehmenskultur stattfinden kann. Ohne ein bewusstes Verständnis der eigenen Glaubenssätze – auf persönlicher und kollektiver Ebene – ist nach Kegan keine wirkliche Veränderung möglich.

Tatsächlich verfolgt man mit digitalen Werbetechniken das Ziel, den „Konsumenten" so gut zu durchdringen, dass man erkennt, wann der etwas kaufen will – noch bevor dieser es selbst bewusst wahrnimmt. In Amerika beispielsweise bekam eine 16-jährige Jugendliche Werbeprodukte für Schwangere zugeschickt, bevor diese selbst wusste, dass sie schwanger war. Ihr Unterbewusstsein hatte sie auf Internetseiten geführt, durch die der Such-Algorithmus sie als „schwangere Person" identifizierte und diese Information an Unternehmen weitergab, die in diesem Marktsegment tätig sind.

Intention

Wir haben die Freiheit, alle neuen Erfindungen und Errungenschaften für eine soziale und friedvolle Welt zu nutzen. Technologie ist weder gut noch schlecht. Ausschlaggebend ist die Absicht, mit der wir sie verwenden. Die Intentionssetzung ist der zentrale Ausgangspunkt für einen radikalen Wandel, den die Welt so dringend braucht. *„Was ist meine Zielsetzung? Warum lebe ich mein Leben, wie ich es lebe? Was ist meine Aufgabe in der Welt?"* – dies sind die Fragen, die uns immer wieder helfen, unser Handeln zu verstehen und gegebenenfalls zu korrigieren.

Googles Mission war für lange Zeit *„Don't be evil".* Und viele junge Menschen sind zu Google gekommen, um die Welt zu verbessern im Sinne von *„We want to make the world a better place".* Doch geht das in einem Unternehmen, das 20 % Wachstumsplus an oberste Stelle setzt? Das glaubt, im Wettbewerb ein löcheriges Rechtssystem ausnutzen zu müssen, um Steuern zu sparen und damit Wettbewerbsvorteile zu erzielen? Das die Lösung aller Probleme in neuen Technologien sieht, in die sich alles Leben integrieren muss?

Wie kann man Marktanforderungen – insbesondere als börsennotiertes Unternehmen – und Menschlichkeit zusammenbringen? Google versucht Lösungen für die Probleme der Welt zu finden, kreiert aber gleichzeitig neue, indem es seine Kunden animiert, weiter zu wachsen und damit Ressourcen zu verbrauchen. Die Frage nach dem Sinn wird nicht gestellt.

Microsoft, wie auch andere Unternehmen, haben ihre eigenen Stiftungen gegründet, die nicht nur steuerlich attraktiv sind, sondern ernsthaft versuchen zu helfen. Wäre es nicht einfacher, unseren Unternehmenszweck so zu verändern, dass wir Produkte herstellen, die allen erweiterten *Stakeholdern* (Interessensvertretern) – und damit sind alle Lebewesen auf unserem Planeten gemeint – dienen? Wie wäre es, wenn wir eine Gesellschaft anstreben, die Errungenschaften für mehr Freiheit sowie Bildungs- und Entwicklungsmöglichkeiten für alle Lebewesen schafft? Stattdessen werden die sozialen Unterschiede immer weiter verstärkt, so dass unser sozialer Friede gefährdet ist.

Compassion und Wohlstandsberechnung

Die Hirnforscherin Prof. Dr. Tania Singer hat während einer Langzeitstudie im Max-Planck-Institut in Leipzig bewiesen, dass kontemplative und psychotherapeutische Arten von mentalem Training genutzt werden können, um psychische und physische Gesundheit zu stärken. Damit würde chronischer Stress vermieden, Burn-out präventiv bekämpft, soziale Isoliertheit verhindert und erhöhtem Egozentrismus entgegengewirkt.

Gerne zitiere ich an dieser Stelle Tania Singer. Die „Zeit" veröffentlichte im Mai 2013 von ihr unter anderem diese Aussage: *„In unserer Marktwirtschaft frönt man zu sehr dem reinen Konsumgedanken. Stattdessen brauchen wir eine gesunde Balance zwischen Leistung, Macht, Konsumieren – und Sichkümmern, An-andere-Denken, Mitfühlen. Von all diesen menschlichen Potenzialen sind derzeit nur wenige aktiviert, und daher sind wir einzeln und als Gesellschaft aus der Balance geraten. Lebenszufriedenheit, echte Beziehungen und seelische Gesundheit – solche Faktoren sollten in die Wohlstands-*

berechnung eines Staates einfließen. Wenn wir uns ver-
ändern, dann muss sich auch das System verändern."

Lassen Sie uns noch einmal zur Intention zurückkehren. Wenn wir unsere Zielsetzung darauf ausrichten, zu einer gesunden Entwicklung der Gesellschaft und der Welt beizutragen, hindert uns das nicht daran, Geld zu verdienen. Die Ausrichtung sollte jedoch nicht auf einem überdimensionalen Wachstum liegen.

Als ich im Mai 2016 in Bhutan war, hatte ich die Möglichkeit mit Unternehmern und Politikern zu sprechen. Bhutan hat bereits vor über 30 Jahren seine Wohlstandsberechnung vom Bruttosozialprodukt (*GDP – Gross Domestic Product*) durch das sogenannte National-Glück (*GNH – Gross National Happiness*) ersetzt.

Konkret bedeutet das für ein Unternehmen, das sich in Bhutan um eine Lizenz zur Unternehmensgründung bewirbt, dass eine ganze Reihe von Fragen beantwortet werden müssen, wie beispielsweise: *„Inwieweit trägt das Unternehmen zur Umweltverbesserung bei?", „Wie stellt das Unternehmen sicher, dass seine Mitarbeiter und deren Familien Zugang zur Gesundheitsversorgung und Bildung haben?"*

Jede Antwort wird unter bestimmten Kriterien bewertet und folgt einem Punktesystem. Die Anzahl der Gesamtpunktezahl entscheidet dann darüber, ob das Unternehmen gründen darf oder nicht. Die Kriterien werden aus den Ergebnissen einer Bevölkerungsumfrage zu Glück (*Happiness*) ermittelt, die alle zwei Jahre stattfindet. Ein einfaches, aber wirkungsvolles Verfahren, wodurch sichergestellt wird, dass an erster Stelle des

Unternehmenszwecks nicht die Maximierung des Kapitals steht, sondern der Wert, den das Unternehmen für die Gemeinschaft erwirtschaftet. Zumindest in Bhutan hat das Herz als Glücksorgan ein Mitspracherecht. Sollte dies nicht auch unsere oberste Priorität sein?

Insbesondere während der Finanzkrise – und glaubt man führenden Finanzexperten, ist diese noch lange nicht überwunden – hörte man immer wieder folgende Begründung für zum Teil harte Entscheidungen: *„Wir müssen die Wirtschaft retten!"* Meine Frage nach dem Warum wurde oft mit großem Unverständnis aufgenommen. Aber geht es uns wirklich darum, ein künstliches Finanz- oder Wirtschaftskonzept zu retten, das geschichtlich noch gar nicht so lange existiert? Oder sollte nicht der Zweck unseres Handelns darauf ausgerichtet sein, eine harmonische, nachhaltige, glückliche und herzliche Welt für alle Lebewesen zu schaffen? Unsere Finanzinstrumente, wie zum Beispiel Geld, sind künstliche Instrumente, die keinen Wert haben, solange wir nicht daran glauben. Und sollten wir tatsächlich ein System fortführen, das uns nicht dabei hilft, eine friedliche und soziale Welt zu erschaffen?

Eine weitreichende Reorganisation bei Google wurde damit begründet, dass das Unternehmen einen Gewinn von 100 Milliarden Dollar anstrebe. Und wieder führte meine Frage nach dem Warum bei vielen Managern zu Irritationen.

Wie bereits durch einige Studien der Universitäten Stanford und Harvard nachgewiesen wurde, kann Geld weder motivieren noch inspirieren, solange man nicht weiß, wozu es eingesetzt werden soll. Geld ist immer nur Mittel zum Zweck und der sollte uns bekannt sein.

Mindfulness und Compassion

Mindfulness ist in den letzten Jahren immer populärer geworden. In den USA werden bei vielen großen Unternehmen aller Branchen bereits Achtsamkeits-Kurse angeboten, denn man hat festgestellt, dass meditierende Angestellte weniger krank werden und mehr leisten. Aber ist das unser Ziel? In einer Welt mit wachsender Umweltzerstörung, sozialem Unfrieden und einer hohen Depressionsrate darf es uns doch nicht nur darum gehen, mit *Mindfulness* noch höhere Wachstumsraten zu erzielen, um den Wettbewerber auszustechen.

Damit meine ich nicht, dass Achtsamkeit per se falsch ist. Die Frage ist, was damit bezweckt wird. Es kann durchaus ein gutes Ziel sein, achtsamer mit uns selbst und unseren Ressourcen umzugehen – sowohl mit unseren persönlichen als auch mit jenen in Wirtschaft und Umwelt.

Für Matthieu Ricard, ein buddhistischer Mönch und Erfolgsautor, ist *Compassion* (Mitgefühl) die entscheidende Komponente für einen Wandel. Ricard hat sich bereits in den 60er Jahren des letzten Jahrhunderts entschieden, buddhistischer Mönch zu werden und seiner erfolgreichen akademischen Karriere den Rücken zu kehren. Heute ist er weltweit im Einsatz für die Menschlichkeit und spricht beim Weltwirtschaftsforum und in den Chefetagen führender Unternehmen über

Compassion als wesentlichen Teil einer nachhaltigen Welt und erfolgreichen Unternehmensstrategie. In Thailand ist ein an der Börse gelistetes Unternehmen diesem Rat gefolgt und hat Mitarbeiter des *Gross National Happiness Center* in Bhutan beauftragt, *Compassion* in dieses Unternehmen einzuführen. Und das bei einem Konzern mit einem Umsatz von 8 Milliarden US-Dollar pro Jahr! Aufgrund dieser Initiative gibt es bereits weiterführende Gespräche mit der Regierung über eine Neuausrichtung der Landespolitik.

Die Welt ist in Bewegung. Costa Rica, das als erstes Land im Jahr 1949 sein Militär abschaffte und das ersparte Geld in Bildung und Infrastruktur investierte, ist heute für viele ein attraktives Land mit Modellcharakter. Costa Rica denkt ebenfalls über alternative Bewertungsmethoden erfolgreicher Landespolitik nach, die das reine materielle Wachstum übersteigen. Und viele Unternehmen unterstützen die Regierung in diesem Ansatz.

Systemisches Denken

In seinem Buch „Die fünfte Disziplin" beschreibt Peter Senge, *Senior Lecturer* (Hauptdozent) an der Sloan Management School der MIT in Boston, wie wichtig es ist, die Auswirkungen unseres Handelns bis in alle Bereiche zu verstehen, und fordert, systemisches Denken und Handeln schon in der Schule zu lehren.

Wir sind nicht nur durch die Globalisierung und das Internet miteinander verbunden, sondern haben eine viel tiefer gehende Verbindung mit allem Leben auf diesem Planeten. Wenn wir dies verstehen, sind wir in der Lage, verantwortlich und mit Mitgefühl zu handeln, ohne dass es gesetzlicher Verbote bedarf. Wir haben uns zu weit von uns selbst entfernt, sind abgeschnitten von unseren eigenen Empfindungen und dadurch oftmals nicht in der Lage, mitfühlend zu handeln.

Mindfulness und Meditationstechniken können Hilfe leisten wieder zu uns zu finden, sind allerdings keine Garanten dafür. Peter Senge und Daniel Goleman – der durch seine Bücher über emotionale Intelligenz bekannt wurde – haben in ihrem neuen Buch „The Triple Focus" eine innovative Form einer holistischen Erziehung beschrieben. Sie unterscheiden zwischen dem „Selbst", das durch Techniken der Achtsamkeit immer weiter entwickelt werden kann, dem Bereich „Anderer", der die Entwicklung des Mitgefühls erfordert, und dem Bereich „Organisationen", bei dem es um die Entwicklung ethischer Rahmenbedingungen mit einem systemischen Verständnis geht. Unternehmen sollten die Bereitschaft haben, der Gemeinschaft zu dienen, eine Kultur des Mit- und Füreinanders zu etablieren und sich als Teil einer Weltgemeinschaft zu verstehen.

Ein weiteres Beispiel ist der Unternehmer Pavan Sukhdev, der sich eine Auszeit von seiner Tätigkeit bei der Deutschen Bank nahm, um sich voll und ganz grünen Themen zu widmen und die *Green Economy Initiative* der UN-Umweltorganisation UNEP leitete. Er plädiert in seinem Buch „Corporation 2020 – Warum wir

Wirtschaft neu denken müssen" für eine neue Unternehmens-DNA mit den vier wesentlichen Strängen:

1. die Ausrichtung der Unternehmensziele an den Zielen der Gesellschaft
2. das Unternehmen als Gemeinschaft
3. das Unternehmen als Bildungsinstitut
4. das Unternehmen als Kapitalfabrik (wobei Kapital hier verstanden wird als Sach-, Sozial-, Human- und Naturkapital)

Das Umfeld für erfolgreiche Unternehmen ändert sich und damit auch das Verständnis von Eigentum. Öffentliche Eigentümerschaften der Gemeingüter (*commons*) und der gemeinschaftlich bewirtschafteten Güter (*common-pool resources*) werden durch lokale Initiativen immer populärer und sind mittlerweile als gesellschaftliche Realität anerkannt.

Und die folgenden Beispiele zeigen, dass es bereits Unternehmen und Gemeinschaften gibt, die diesen mutigen Schritt gehen. Im kalifornischen Oakland haben sich unter dem Namen *Business Alliance of Local Living Economies* (BALLE) eine große Anzahl von erfolgreichen Unternehmen zusammengetan, um miteinander alternative Lebens-und Arbeitspraktiken aufzuzeigen, die auf Nachhaltigkeit und Gemeinschaft ausgerichtet sind.

In Spanien wurde vor circa 60 Jahren eine Kooperation namens Mondragón gegründet, um Menschen in einem Gebiet mit hoher Arbeitslosigkeit eine langfristige und feste Anstellung zu geben. Das Unternehmen ist mittlerweile die größte Genossenschaft und das siebtgrößte Unternehmen Spaniens. Auch während der Krisen hat Mondragón keine Mitarbeiter entlassen. Die Intention war, Arbeitsplätze zu schaffen, und so wurden diese, auch wenn sie zeitweise subventioniert werden mussten, erhalten.

Wisdom Together

Wisdom Together wurde von mir als gemeinnütziger Verein in München gegründet, um diesen Vorbildern Raum zu geben und Angebote zur persönlichen Weiterentwicklung zu gestalten; zu zeigen, dass es möglich und an der Zeit ist, unsere Ausrichtung, unsere Intention zu ändern. Wenn wir begreifen, dass wir jederzeit in der Lage sind, unsere Wirklichkeit neu zu gestalten, werden wir frei sein von jeglicher Beeinflussung.

Mit Wisdom Together entsteht ein Alumni-Netzwerk für Weisheit, das auf internationalen Konferenzen und aufbauenden Workshops Initiativen und Unternehmen aller Art zusammenbringt, um neue wissenschaftliche Erkenntnisse, geistige Strömungen und unterschiedliche spirituelle Leitbilder vorzustellen und selbst zu entwickeln.

Damit können wir alle unseren Beitrag für eine herzvolle Welt leisten, auch und gerade in der Wirtschaft.

**Eine gute Zeit fällt nicht vom Himmel.
Wir schaffen sie selbst:
Sie liegt bereit in unserem Herzen.**

Fjodor Dostojewski

Team-Kompetenz mit Herz-Kohärenz

Die gebündelte Kompetenz Einzelner aus deren Eigenschaften, Fähigkeiten und Begabungen und die daraus resultierende Handlungsfähigkeit innerhalb einer Arbeitsgruppe wird oft als Team-Kompetenz bezeichnet. Stärke und Erfolg eines Teams hängen wesentlich davon ab, wie hoch die Bereitschaft eines jeden Einzelnen ist, sich in die Gemeinschaft einzubringen und dort seinen zu ihm passenden Platz einzunehmen. Bezogen auf die Gruppe und auch auf den gemeinsamen Auftrag gibt es zudem verschiedene Rollen, die es zu verkörpern gilt.

Team-Kompetenz besagt also, was ein Team zu leisten vermag. Über messbare fachliche Arbeitsergebnisse hinaus gehören aber auch alle sogenannten Soft Skills und ganz besonders die emotionalen und sozialen Faktoren dazu, ohne die eine Teamfähigkeit gar nicht möglich ist.

Weitere für mich wichtige Faktoren sind das Zusammengehörigkeits- und Zufriedenheitsgefühl. Sie tragen wesentlich dazu bei, ob sich einzelne Mitglieder in der Gruppe wohlfühlen. Ob sie ein vertrautes Umfeld erleben, in dem sie sich öffnen und sich authentisch zeigen können, wie sie sind. Wo sie Gedanken und Gefühle ausdrücken können und dürfen. Wo sie Unterstützung für ihre Entwicklung erfahren und voneinander lernen können ohne Konkurrenzdenken. Und wo sie sich auch frei fühlen können, weil jeder Einzelne ein selbstständiges Individuum bleibt und kein unidentifizierbarer Teil einer unkenntlichen Masse wird, bei der man alle über einen Kamm schert.

Teambildung oder Einzelkämpfer

Wenn sich Menschen mit unterschiedlichen Talenten und Fähigkeiten zu einer Gruppe zusammenschließen und ein gemeinsames Ziel haben, am besten sogar durch eine übereinstimmende Vision vereint sind, kann Großartiges geschehen. Sie tragen und unterstützen sich gegenseitig, denn jeder kann vom anderen lernen. Keiner fühlt sich isoliert, sondern als Teil des Ganzen.

Um sich in ein Team zu integrieren, bedarf es der bereits beschriebenen Aspekte der emotionalen und sozialen Intelligenz sowie Kommunikationsfähigkeit und Einfühlungsvermögen. Doch Toleranz und Anpassungsfähigkeit sind in einer Gruppe ebenso wichtig. Nicht jedem ist das in die Wiege gelegt, und vermutlich gibt es Menschen, die wenig bis gar nicht teamfähig sind. Leider gibt es auch welche, die *TEAM* so buchstabieren: *TOLL, EIN ANDERER MACHT'S!* Dabei versteckt sich der Einzelmensch in der Masse und jeder macht sein Ding.

Wie ist nun optimalerweise eine Balance möglich, so dass das Wir gelingt und sich eine geschlossene Gemeinschaft bildet, ohne dass ein einzelnes Ich untergeht oder ausgegrenzt wird?

Damit dies geschehen kann, ist ein gemeinsamer Nenner die oberste Prämisse. Und dabei spielt es keine Rolle, ob es sich um ein Arbeitsteam, eine Vereinsgruppe, eine Stammessippe oder eine Gesellschaft handelt. Wenn es nichts wirklich Verbindendes gibt, für das es sich einzubringen lohnt, dann lässt die Bereitschaft zur Integration meist zu wünschen übrig. Als Folge fehlt es dann auch an der Willigkeit, Verantwortung zu übernehmen oder Hilfsbereitschaft zu zeigen.

Dabei erinnere ich mich an ein Team in einem Dienstleistungsunternehmen. Aufgrund steigenden Auftragsvolumens wurden für die besagte Abteilung mehr und mehr Leute eingestellt. Der Arbeitsmarkt gab, offen gesagt, nicht viel her, denn die Branche ist bekannt dafür, dass der Job stressig ist und noch dazu nicht allzu gut bezahlt. Unter den wenigen vorhandenen Fachkräften hatten die Personalverantwortlichen keine große Wahl oder die Möglichkeit, vorab zu prüfen, ob jemand auch wirklich zum Unternehmen an sich und zur neuen Abteilung im Besonderen passte. Man musste quasi einstellen, wen man bekommen konnte.

Die Folge war ein bunt durchgewürfelter Haufen äußerst unterschiedlicher Persönlichkeiten. Das ist per se noch nicht tragisch, denn was ein Team tatsächlich oft in seiner Stärke ausmacht, ist die Verschiedenheit der einzelnen Mitglieder. Umso weniger identisch sie sind, desto mannigfaltiger sind die Besonderheiten, die von den einzelnen Charakteren in die Gruppe eingebracht werden und desto mehr profitiert die Gemeinschaft schlussendlich voneinander.

Doch in diesem konkreten Fall war die einzige Gemeinsamkeit die stressige Arbeit, die es täglich zu verrichten galt. Diese Art der Verbundenheit war aber nicht positiv belegt. Und um Hektik, Druck und Anspannung nicht noch weiter zu verschlimmern, waren viele darauf aus, sich bildlich gesprochen zu ducken, damit sie bei der Aufgabenverteilung möglichst übersehen wurden. Geschweige denn, dass jemand freiwillig dem anderen etwas abgenommen hätte, was die folgenden Beispiele zeigen: Bei einem Mitarbeiter ging während des Kopiervorgangs das Papier aus. Statt welches aus dem Lagerraum zu holen und nachzufüllen, trollte er sich schnell von dannen, damit keiner sieht, wer es war. Um den Aktenkasten, in dem die eingehenden Aufträge gesammelt wurden und aus dem sich jeder mit Arbeit versorgte, wurde ab 17 Uhr ein großer Bogen gemacht, damit der nahende Feierabend möglichst pünktlich angetreten werden konnte. Freiwillig meldete sich auch keiner zum Samstagsdienst, diesen musste der Vorgesetzte einteilen. Wenn jemand Urlaub beantragte, dann wurde nicht geschaut, ob das zur gewünschten Zeit überhaupt möglich wäre oder ob schon mehrere andere zeitgleich in den Ferien sind und der Teamleiter logischerweise dem Antrag gar nicht stattgeben könnte. Kurzum: Verantwortungsvolles Mitdenken fand nicht statt, ebenso wenig wie Rücksichtnahme, Hilfsbereitschaft oder das Gefühl der Zuständigkeit.

So war schnell zu sehen, dass es in dieser Abteilung kein wirkliches Team gab, sondern allenfalls eine Ansammlung Einzelner, die sich bewusst absonderten und weder für eine gemeinsame Sache noch für einen Kollegen eingestanden wären. Der Abteilungsleiter hatte es verständlicherweise nicht leicht in dieser Situation. Jeglicher Versuch seinerseits, das Team mehr zusammenzuführen, wurde torpediert. Selbst ganz offensichtliche Unternehmungen, wie beispielsweise ein gemeinsames Wochenende in einem gehobenen Hotel mit einem Teambildungstrainer, wurden einheitlich abgelehnt. Die Stimmung war derart mies, dass keiner bereit war, auch nur eine freie Minute seiner kostbaren Freizeit für das Team oder das Unternehmen zu opfern.

Stimmungs- und Atmosphären-Management

Besonders in der heutigen Berufswelt braucht es Unternehmen, die auf Veränderungen, Krisen und Herausforderungen souverän reagieren können. Doch Unternehmen und ihre Abteilungen bestehen immer aus Menschen, daher bedarf es Mitarbeiter, die sich mental und emotional selbst managen können, denen ihre Firma am Herzen liegt und die motiviert sind, ihr Bestes zu geben. Kohärente, ausgeglichene Mitarbeiter und Führungskräfte beleben sozusagen das „Herz" des Unternehmens. Ihr Engagement basiert auf einem gelungenen Selbstmanagement, einer kohärenten Kommunikation und einem freundlichen Betriebsklima.

Das Miteinander in Unternehmen ist von Atmosphären geprägt, die einen enormen Einfluss haben! Die Schwingungen und Stimmungen entscheiden in hohem Grade über Produktivität, Kundenzufriedenheit und Arbeitsmotivation. Ebenso basieren Mitarbeiterloyalität, Stolz auf die eigene Arbeit, Leidenschaft für das Produkt der Firma oder Identifikation mit dem Team und dem Unternehmen größtenteils auf förderlichen und stabilen Arbeitsatmosphären. So wie Pflanzen zum Gedeihen ein gutes Klima brauchen, benötigen auch Mitarbeiter eine gute Atmosphäre für Wachstum und Entwicklung. Sie inspiriert zu Erfolgsleistungen, die noch dazu Freude bereiten und das Gefühl von Sinnhaftigkeit vermitteln.

Erleben Sie an Ihrem Arbeitsplatz dicke Luft oder herrscht ein Erfolgsklima für tolle Leistungen? Gerne lade ich Sie zu folgendem Schnelltest ein:

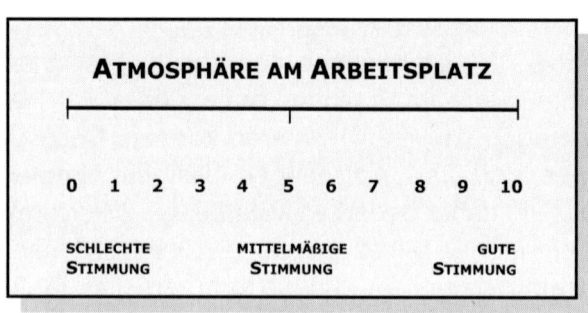

Falls Sie unterhalb der fünf angekreuzt haben, dann gibt es offensichtlich ein deutliches Verbesserungspotenzial in Ihrem Arbeitsumfeld. Hier empfiehlt es sich genauer hinzuschauen, woran es liegen könnte. Weshalb sind viele Mitarbeiter – und nicht selten auch die Führungskraft! – schlecht gestimmt? Was raubt Ihnen die gute Laune und Motivation? Wodurch leidet das Wohlbefinden und was beeinträchtigt das Leistungsvermögen und die Arbeitsergebnisse?

Oder genießen Sie in Ihrem Job ein gedeihliches Arbeitsklima mit Wohlfühlfaktor? Wo Freude, Begeisterung und ein Gemeinsamkeitsgefühl vorherrschen? Dann kennen Sie vermutlich auch die Gründe dafür.

Mitarbeiterbegeisterung lautet das Ziel

Progressive Unternehmer und Führungskräfte haben erkannt, dass ihre Mitarbeiter der Schlüssel sind für eine Atmosphäre von Enthusiasmus und Begeisterung, in der es Freude macht, gemeinsam zu arbeiten. Die wichtigste Frage könnte also künftig lauten: *„Was gilt es zu tun, um unsere Mitarbeiter zu begeistern?"*

Innovative Führungskräfte wissen, in dem Maße, wie Mitarbeiter Begeisterung für ihre Tätigkeit empfinden, begeistern sie auch ihre Kunden. Beschäftigte, die von ihrem Arbeitsumfeld, vom Unternehmen und vom Produkt begeistert sind, sind nicht nur automatisch bereit zu Spitzenleistungen. Sie transportieren außerdem ihre Stimmung nach draußen und erzeugen damit eine entsprechende Außenwirkung ihres Unternehmens.

Ein gutes Betriebs- und Arbeitsklima fördert das unternehmerische Denken und Handeln von Mitarbeitern. Ganz so, als ob sie selbst Unternehmer wären. Voraussetzungen dafür sind Mitdenken, Eigenverantwortung, Commitment und die Bereitschaft zur aktiven Mitgestaltung. Ziel ist es, dass jeder Einzelne partizipativ und gleichzeitig unternehmensgerecht handelt.

Selbstständiges Denken und Handeln können allerdings nicht immer vorausgesetzt werden. Ich erinnere mich an ein drastisches Beispiel aus der Zeit, als ich für einen Reisekonzern noch Trainings rund um den Erdball durchgeführt habe: In einem westafrikanischen Land, wo der Tourismus noch in den Kinderschuhen steckte und gutes Personal kaum zu bekommen war, hatte der Direktor eines 5-Sterne-Luxushotels oft damit zu kämpfen, dass Mitarbeiter anstehende Aufgaben nicht selbst erkennen konnten oder wollten. Der Gärtner beispielsweise erledigte seine Arbeit größtenteils geflissentlich; ein Beet allerdings vergaß er stets zu gießen, so dass es statt einer Blumenpracht nur ein paar verdorrte Halme offenbarte. Ständiges Anweisen und darauf Aufmerksammachen führte zu keinem Erfolg. Irgendwann kaufte der Direktor dem Gärtner eine bunte, billige Armbanduhr und zeigte ihm, wie es aussieht, wenn diese 18 Uhr anzeigt. Er ordnete an: *„Look, when it's 6 o'clock, you water the plants!"* Es funktionierte einige Zeit bestens – der Gärtner wässerte täglich punkt 18 Uhr das Beet. Eines Tages regnete es in Strömen und der Gärtner stand mit aufgedrehtem Wasserschlauch vor der Rabatte. Der Direktor staunte ungläubig: *„What are you doing?!"* Die Antwort kam prompt: *„It's 6 o'clock and I water the plants."*

Zugegeben, die – wenn auch wahre – Geschichte lässt uns schmunzeln, scheint sie doch für mitteleuropäische Verhältnisse grotesk. Dennoch: Viele Führungskräfte sehen sich täglich der Herausforderung gegenüber, wie sie Mitarbeitern unternehmerisches Denken und Handeln vermitteln können, so dass diese zu erledigende Aufgaben nicht nur selbst erkennen, sondern auch bereitwillig übernehmen.

Freude und eine gute Stimmung sind der Motor! Denn Begeisterung kann nicht erdacht oder verordnet werden. Sie ist auch nicht die Folge von Motivationsmaßnahmen oder anderweitigen äußeren Anreizen. Idealerweise lebt sie der Unternehmer bzw. die oberste Leitung selbst und ist damit eine Inspiration für die Mitarbeiter. Als Folge davon entspringt deren Begeisterung aus freien Stücken. Es ist eine innere Bereitschaft und eigenverantwortliche Entscheidung. Sie entsteht stets im Inneren des Menschen, in seinen Gefühlen und Gedanken, und zeigt sich nach außen in seiner Kommunikation, seinem Handeln und seiner Fähigkeit für Mitgefühl, Anteilnahme und Hilfsbereitschaft.

So werden aus Mit-Arbeitern Mit-Unternehmer. Diese fühlen sich mitverantwortlich für die Beschaffenheit der Atmosphäre. In dem Maße, wie sie ihre eigenen Emotionen und Stimmungen managen, gestalten sie ein Umfeld des Wohlbefindens für sich selbst und für Kunden und schaffen somit eine Aura der Einzigartigkeit.

Das Herz überträgt Atmosphäre

Eine gute Stimmung kann gezielt erzeugt werden, denn auf Ihre innere Befindlichkeit können Sie Einfluss nehmen – über Ihre Gedanken, Gefühle und über Ihre Atmung. Indem Sie mit dem Herzkohärenz-Training Ihren Herzrhythmus gezielt und bewusst harmonisieren, steuern Sie sehr einfach Ihre körperlichen, mentalen und emotionalen Reaktionen. Das Wohlgefühl, das Sie dabei erzeugen, wirkt nicht nur in Ihnen, Sie strahlen es auch in Ihre Umgebung aus.

Über die körperlichen, mentalen und emotionalen Effekte hinaus hat das Herz ein weiteres, äußerst faszinierendes Wirkungsfeld, denn es arbeitet noch auf weiteren Ebenen. Eine davon ist die energetische, die einen engen Zusammenhang mit der Physik aufweist.

Zunächst einmal ist das Herz ein Stromerzeuger, denn es produziert etwa 2,5 Watt elektrische Leistung und erzeugt damit rund 40- bis 60-mal mehr Energie als das Gehirn. Überall dort, wo Strom fließt, entstehen elektromagnetische Felder. Sie setzen sich, wie der Name sagt, aus elektrischen und magnetischen Feldern zusammen. Sie bilden sich, wenn sich elektrische Ströme und Spannungen verändern. Dadurch entsteht ein elektromagnetisches Feld, das sogar 5000-mal stärker ist als das des Gehirns. Im Jahr 2002[2] wurde erstmalig wissenschaftlich belegt, dass sich dieses Feld des Herzens mehrere Meter um den menschlichen Körper ausbreitet und die Form eines Torus aufweist. Darunter versteht man ein wulstartig geformtes Gebilde mit einem Loch, vergleichbar mit der Gestalt eines Donuts.

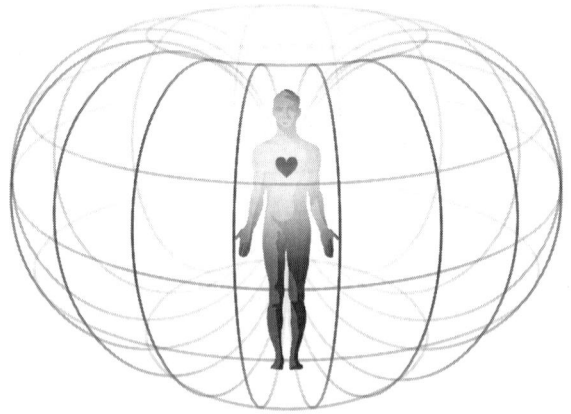

2 Institute of HeartMath: Rollin McCraty: The Energetic Heart: Bioelectromagnetic Interactions Within and Between People - 2002

Dieses Feld lässt sich messbar mit einem Umfang von etwa drei Metern erfassen. Laut Aussage der Forscher des HeartMath-Instituts kann sich dieser Wert durchaus vergrößern, wenn sich die Messtechnik in den nächsten Jahren noch verbessert. Sie vermuten sogar, dass dieses Feld unendlich ist, denn man befindet sich hierbei inzwischen im Bereich der Quantenphysik, wo elektromagnetische Wellen stets unendlich sind.

Das Herz sendet sein elektromagnetisches Feld pulsierend aus, ganz ähnlich wie Radiostationen oder Mobiltelefone ihre Informationen übermitteln. Forscher können das Herzrhythmusmuster einer Person im Muster des Herzens und der Gehirnwellen anderer Menschen nachweisen, die sich im Umkreis von einigen Metern aufhalten und wo sich die Felder überschneiden. Über dieses elektromagnetische Feld übertragen wir also unsere Kohärenz oder auch Inkohärenz von innen in den Raum nach außen. Damit beeinflussen wir unsere Umwelt und die Menschen um uns herum – und umgekehrt.

Wenn wir uns innerlich harmonisch ausrichten, dann sorgen wir einerseits bewusst für uns selbst und strahlen es wiederum an andere aus. Ein einzelner kohärenter Mensch kann sogar nachweislich messbar eine ganze Gruppe in eine positive Stimmung versetzen. Arbeitsteams oder Projektgruppen profitieren davon ebenso wie das Familienleben und sämtliche Beziehungen im Freundes- und Bekanntenkreis. Damit sind wir nicht nur für unseren individuellen emotionalen Zustand verantwortlich, sondern leisten ebenso für die sozial-zwischenmenschlichen Stimmungslagen unseren Beitrag – ob wir uns dessen immer bewusst sind oder nicht, spielt keine Rolle. Unsere innere Gemütsverfassung spiegelt sich in der Außenwelt wider.

Die Tatsache, dass sich das Muster der Herzfrequenz im Muster der Gehirnwellen anderer nachweisen lässt, die sich in unserem Umfeld befinden, ist der wissenschaftliche Beweis dafür, was wir längst aus unserem Alltagserleben kennen: Gute Laune steckt an – schlechte allerdings auch. Und natürlich kennt jeder von uns unzählige Situationen, wo wir uns von äußeren Stimmungs- und Gemütslagen beeinflussen lassen und auch schnell mal aus unserer inneren Mitte geraten.

Viele nehmen beispielweise – wie mit kleinen Antennen oder unsichtbaren Fühlern – die Atmosphäre wahr, wenn sie einen Raum betreten. Überwiegt hier gute Laune oder herrscht dicke Luft? Bei einer empfundenen Antipathie sagen wir schnell: *„Mit dem liege ich nicht auf der gleichen Wellenlänge!"* Kaum eine Redewendung beschreibt so treffend, worum es hier, physikalisch betrachtet, tatsächlich geht.

Kennen Sie Situationen, in denen Sie Ihre gute Laune nicht aufrecht erhalten können, weil Sie sich in einer Umgebung aufhalten, in der eine schlechte, vielleicht sogar aggressive Stimmungslage vorherrscht? Das bedeutet jedoch nicht, dass Sie diesen Atmosphären hilflos ausgesetzt sind, denn mit Hilfe der Herzkohärenz können Sie schnell wieder positiv für sich sorgen.

Es ist eine Einladung, zunächst sich selbst zu begegnen, im Herzen, um dann das Beisammensein mit anderen beherzt zu gestalten – sei es im beruflichen oder privaten Kontext. Wenn Sie sich die Herzkohärenz zu eigen machen, können Sie sich damit die vielschichtigen Wirkweisen des Herzens erschließen.

Es mag sein, dass sich mit der Herzübung nicht immer sofort der Zustand völliger Kohärenz erreichen lässt, den Sie vor allem an der Intensität des Wohlbefindens erkennen. Doch immerhin erreichen Sie eine rasche Verbesserung und eine Erhöhung der Herzharmonie. Auf der emotionalen Ebene fühlt es sich dann zumindest neutral an. Das ist ein hoher Grad an Selbstbestimmung!

Herzkohärenz in Teams

Jeder einzelne kohärente Mensch trägt also enorm zur emotionalen Gestaltung der ihn umgebenden Atmosphäre bei. Was mir persönlich daran besonders gut gefällt, ist die Tatsache, dass wir uns zunächst um uns selbst kümmern und für unser eigenes Wohlbefinden sorgen – der Rest geschieht quasi wie von allein. Ich kenne viele Menschen, die mit einem Helfer-Syndrom à la Mutter Theresa durch die Welt und durchs Leben gehen und jedem ungefragt helfen möchten – ganz gleich, ob der das will oder nicht. Doch wer stets mit seinem Helferfokus bei anderen ist, vergisst sich schnell selbst. Nicht selten ist diese fehlende Selbstfürsorge der Beginn eines Burn-outs ...

Waren Sie schon einmal mit einem Flugzeug unterwegs? Vermutlich ja. Und wahrscheinlich erinnern Sie sich auch an die Worte der Flugbegleiter, wenn die Sicherheitsmaßnahmen vorgeführt und erklärt werden. Was gilt es mit den gelben Masken zu tun, wenn diese aus der Decke fallen? Genau. Sie sollen sie *zuerst* sich selbst aufsetzen und erst dann andere unterstützen, dasselbe zu tun. Die Reihenfolge ist wichtig!

So simpel dieses Beispiel auch anmutet, es beinhaltet neben der Selbstfürsorge auch das Dasein für andere. Aufmerksamkeit, Umsicht und Hilfsbereitschaft sind schöne Tugenden, und man findet sie nicht überall.

Es ist etwas Wunderbares, wenn sich eine ganze Gruppe die Herzkohärenz aneignet und mit dem Zustand der Herzharmonie bewusst die gemeinsame Atmosphäre gestaltet. Ich habe damit sehr positive Erfahrungen in Arbeitsteams und Projektgruppen gemacht.

In vielen Unternehmen, die von diesem Angebot Gebrauch machen, wird das Herzkohärenz-Training mit Gesprächsführungstechniken kombiniert. Die Teilnehmenden lernen dabei, wie sie ihrem Gesprächspartner nicht nur aktiv, sondern auch kohärent zuhören können, was nicht nur den Grad des Ernstnehmens und Wertschätzens erhöht, sondern auch das Verständnis des Gehörten verbessert, sowohl inhaltlich als auch bezogen auf die mitschwingenden emotionalen Anteile. Wer mit einem Teil seiner Aufmerksamkeit im Herzen und damit kohärent ist, wählt ausgesprochene Worte eher mit Bedacht und kann dennoch Tatsachen auch klar und deutlich ausdrücken. Ist das Gegenüber ebenfalls kohärent, entstehen keine Missverständnisse und ein offenes Wort wird nicht gleich als persönlicher Angriff fehlgedeutet.

Anregungen – die üblicherweise in Kommunikations-Seminaren mühsam vermittelt und geübt werden –, wie Ich-Botschaften, Feedback-Regeln oder positives und handlungsorientiertes Formulieren, geschehen in der Kohärenz meist automatisch und müssen nicht antrainiert werden. Das verbessert die Kommunikationsqualität untereinander immens.

Kohärenz im Team bedeutet übrigens nicht, dass es dann immer nur lieb und nett zugeht und die Stimmung stets behaglich ist. Manchmal kann ein reinigendes Gewitter Wunder wirken. Wenn sich die Atmosphäre ordentlich aufgeheizt hat, kann es guttun, wenn es mal knallt. Teams, die Konflikte dauernd unter den Teppich kehren, weil keiner mit diesen umgehen kann oder will, tun sich nichts Gutes. Unausgesprochenes führt selten zum Ziel und Schweigen sorgt oft für Missverständnisse. Wenn etwas nicht offen ausgesprochen werden darf, dann passiert es irgendwann hinter vorgehaltener Hand, was umso verletzender enden kann.

Eine gelungene Kommunikation ist wie eine Brücke. Sie schafft Verbindung und Nähe, sie transportiert Gefühle und Empfindungen. Emotionen zu zeigen und zu ihnen zu stehen, ist für viele immer noch ein Tabu, ganz besonders in der Arbeitswelt. Doch nur wer mit seiner eigenen Gefühlswelt in Kontakt ist, kann feinsinnig und empathisch mit anderen umgehen.

Und selbst wenn ein Gespräch einmal hitziger verlaufen ist als beabsichtigt – mit Hilfe der Herzkohärenz-übung ist die innere Mitte schnell wieder hergestellt und damit auch die gute Atmosphäre im Außen.

Wenn eine ganze Arbeitsgruppe die Herzkohärenz-Methode kennt, tritt meiner Erfahrung nach automatisch das Phänomen auf, dass einzelne Teammitglieder schnell wahrnehmen, wenn ein Kollege inkohärent wird, beispielsweise, weil er gerade ein schwieriges Kundengespräch beendet hat. Dann ist es schön zu sehen, wenn der eine dem anderen nicht nur Verständnis für dessen Unmut entgegenbringt, sondern ihn aufmuntert und zu ihm sagt: *„Ich nehme wahr, dass du dich gerade ärgerst. Wenn du magst, helfe ich dir, wieder kohärent zu werden und wir machen die Herzübung schnell gemeinsam."*

Falls eine Gruppe in Sachen Herzkohärenz schon geübt ist, dann reichen manchmal sogar nonverbale Zeichen und Gesten, die untereinander ausgetauscht werden. Ein kleiner Wink, der daran erinnert, sich wieder um die eigene Kohärenz zu kümmern. Dies ist eine Art von Fürsorge und Behilflichkeit, die den Zusammenhalt im Team sehr fördert und damit positiv zur Gesamtatmosphäre beiträgt. Das ist gelebtes Mitgefühl!

Herz, Gefühle und Hormone

Das Herz ist zweifelsohne in fast allen Kulturen dieser Welt sinnbildlich der Platz für Gefühle. Herz und Liebe gehören für die meisten Menschen untrennbar zusammen. Ein positives, bejahendes und beschwingtes Gefühl hat immer einen herzkohärenten Modus zur

Folge. Forschungen am HeartMath-Institut haben gezeigt, dass neben Mitgefühl vor allem das Gefühl der Liebe die größtmögliche messbare Kohärenz auslöst. Und längst wurde nachgewiesen, dass Gedanken, Gefühle und Emotionen nicht ohne Körperreaktionen einhergehen.

Bezeichnend dafür ist die Tatsache, dass nicht nur die Hirnanhangdrüse, sondern vor allem das Herz das Liebeshormon Oxytozin produziert. Dies erklärt vielleicht am deutlichsten, weshalb wir Liebe wirklich im Herzen spüren und dass es nicht nur ein Gefühl, sondern auch eine Empfindung auf der Körperebene ist.

In der neurochemischen Forschung wird Oxytozin mit Empfindungen wie Liebe, Vertrauen und Ruhe in Zusammenhang gebracht. Ohne dieses Hormon wäre eine zwischenmenschliche Bindung nicht möglich. Dadurch wird es unter Laien gelegentlich sogar als Kuschel- oder Treuehormon diskutiert. Oxytozin ist unabdingbar, wenn es um harmonische Beziehungen geht. Zum einen in der Partner- und Freundeswahl, weil es das menschliche Bindungsverhalten beeinflusst. Zum anderen aber auch bezüglich aller sozialen Kontakte, wie beispielsweise im Kollegen- oder Kundenkreis.

Ein herzkohärentes Team wird also einen höheren Oxytozinspiegel aufweisen. Demzufolge können sie gefühlvoller und feinsinniger miteinander umgehen und auch Kunden partnerschaftlich und herzlich begegnen.

Oxytozin wirkt sich darüber hinaus positiv auf die Menge des körpereigenen Kortisols aus. Indem es dieses Stresshormon reduziert, verringert es unweigerlich

Stresszustände und erhöht ein entspanntes Wohlbefinden. Nur dann können bejahende Gefühle überhaupt empfunden und erwidert werden.

Der Spirit des Unternehmens

Bei dem zuvor geschilderten Beispiel des Teams, das eigentlich keines ist, fällt noch etwas Entscheidendes auf: Den Mitgliedern dieser Abteilung fehlt nicht nur der Zusammenhalt als Gruppe. Ganz offensichtlich gibt es für sie auch keinen übergeordneten Sinn hinter all dem, was sie da tun. Ich wage zu behaupten, sie können den wahren Geist des Unternehmens und damit auch den Sinn und Nutzen ihrer eigenen Arbeit nicht sehen und sich demzufolge auch nicht damit identifizieren. Ihnen ist nicht bewusst, wofür sie wirklich da sind und welchen bedeutenden Nutzen sie mit ihrer Arbeit bewirken können.

Dies lässt sich nicht vorschreiben und verordnen oder per Unternehmensleitbild in die Köpfe und Herzen der Mitarbeiter memorieren. Nicht immer werden Unternehmensleitbilder wirklich gelebt. Manchmal sind es nur schön formulierte Floskeln, entweder von der Firmenleitung oder von externen Unternehmensberatern. Diese Leitbilder erzeugen dann lediglich die sogenannten drei Gs: gelesen, gelacht, gelocht. Oder in modernen Zeiten auch gescannt.

Um sich den Spirit des Unternehmens zu erschließen, gilt es, sich einmal genauer damit auseinanderzusetzen, was die Firma mit ihren Produkten oder Dienstleistungen tatsächlich bewirkt. Ein Koch in einem Restaurant-betrieb antwortet wahrscheinlich: *„Wir machen gutes Essen."* Doch das stimmt so nicht! In Wahrheit ermöglicht er dem Besucher Genuss, Verwöhntwerden, Exotik, Gaumenfreude, Entspannung, Spaß und heiteres Beisammensein. All das steht nicht auf der Menükarte und doch ist es genau das, was der Gast dort bekommt.

Eine Verkäuferin von Bekleidung verkauft keine Klamotten, sie ermöglicht Wohlfühlen, Modebewusstsein und Selbstbelohnung. Ein Marketingprofi entwickelt keine Werbestrategien, er macht Menschen erfolgreich. Ein Anbieter von Elektrofahrrädern veräußert kein hilfsbetriebenes Fortbewegungsmittel, sondern Leichtigkeit am Berg. BMW verkauft Freude am Fahren und Nokia verbindet Menschen *(connecting people)*. Die Mitfahrvermittlung BlaBlaCar bringt Leben ins Auto, während der Reisekonzern TUI einlädt, das Lächeln zu entdecken *(discover your smile)*.

Wofür steht Ihr Unternehmen? Was genau ist dessen Spirit? Was will es verkörpern und was repräsentiert es? Wofür stehen Sie als Unternehmer oder Sie als Mitarbeiter? Wofür bringen Sie sich tagtäglich ein und welches Gefühl löst es in Ihnen aus, wenn Sie sich bewusst machen, was Sie mit Ihrer wertvollen Arbeit bewirken?

Ich glaube, wenn Mitarbeiter diesen Spirit nie verinnerlicht haben, dann haben sie tagein tagaus genug Zeit, unzufrieden vor sich hinzunörgeln und andere für ihren Unmut verantwortlich zu machen. Nicht selten ist das auch eine Kombination mit einem sogenannten Bore-out. Wenn Menschen sich langweilen, weil sie nichts wirklich Nützliches zu vollbringen haben, suchen sie sich eine Betätigung, und sei es eine sinnlose Stimmungsvermiesung bis hin zur Leistungsverweigerung. Weitaus förderlicher wäre es, sich mit der persönlichen Sinnerfüllung im Job auseinanderzusetzen.

Mit diesem Thema haben wir uns vorab schon im Rahmen der Selbstführung beschäftigt. Bezogen auf den eigenen Arbeitsplatz mag es gut sein, sich einmal folgende Fragen zu stellen: *„Macht es dort Sinn für mich? Kann ich in diesem Umfeld wichtige Erfahrungen sammeln, habe ich Raum für meine Entwicklung? Was gibt mir dieser Arbeitsplatz über das Einkommen hinaus? Welchen Nutzen stifte ich? Bin ich vielleicht für das Unternehmen nicht nur mit meiner Arbeitskraft wichtig, sondern auch mit meinem Herzen, weil ich eine ganz bestimmte Energie in die Gesamtatmosphäre einbringe und damit ein positives Umfeld mitgestalte?"*

All dies können wichtige Aspekte sein, um für sich herauszufinden, ob Sie derzeit am richtigen Ort sind und ob Sie Ihren Teil idealerweise mit ganzem Herzen einbringen können.

Produktivität und Leistungsbereitschaft

Inzwischen wissen wir bereits, dass der Modus der Herzkohärenz Vitalität und Leistungsvermögen optimal fördert. Das Herz hat eine immense Wirkung auf viele körperliche Vorgänge, denn ein harmonischer Herzrhythmus synchronisiert unzählige Abläufe im Organ-, Nerven-, Hormon-, Immun- und Zellsystem. Auch die

Tätigkeit des Gehirns ist bekanntermaßen im Zustand der Herzharmonie am effizientesten.

Doch die Fähigkeit, Leistung zu vollbringen, bedeutet noch nicht zwingend eine Bereitschaft, dies auch zu tun. Dafür bedarf es der Einbeziehung der emotionalen Ebene. Im Rahmen eines Coachings wird manchmal deutlich, dass es daran zum Teil mangelt. Die Folge ist, dass Gefühle außen vor bleiben und Arbeitsschritte emotionslos und ohne Anspruch an ein positives Ergebnis ausgeführt werden.

Und wieder stellt sich die Frage, in welchem Maße Ihnen Ihre Arbeit wirklich Freude macht? Wie motiviert sind Sie, Ihre Aufgaben mit einem guten Ergebnis zu vollbringen? Dabei geht es nicht darum – wie vom Gastautor Alfred Tolle zurecht kritisch bemerkt –, ständig noch höhere Wachstumsraten zu erzielen, was oftmals darin mündet, dass Mitarbeiter zu immer noch mehr Leistungserbringung angestachelt werden. Das löst bei mir manchmal das innere Bild einer Zitrone aus, die man bis auf den letzten Tropfen ausquetscht. Dabei frage ich mich, was soll getan werden, wenn die Frucht keinen Saft mehr hergibt?!

Wäre es nicht effektiver, wenn Führungskräfte ihre Mitarbeiter dazu inspirieren, mit Freude und Sinnerfüllung einen steten Grad an Leistung zu erbringen, statt eines ständigen „weiter, besser, schneller, mehr"? Wenn sowohl Anforderungen als auch Arbeitsergebnisse in einer harmonischen Balance – sprich Kohärenz – sind?

Ich kenne Führungskräfte, die bei der jährlichen Leistungsbeurteilung prinzipiell keine Bestbewertung vergeben. Auf mein erstauntes Hinterfragen der Gründe, weshalb sie eine Spitzenleistung nicht auch als solche beurteilen und positiv hervorheben, erhalte ich dann eine Antwort wie beispielsweise: *„Dann hat der Mitarbeiter ja keine Motivation mehr, sich zu verbessern!"*

Aha. Könnte es nicht sein, dass dessen Frust sich derart erhöht und seine Bereitschaft, noch mehr Leistung zu erbringen, gegen null geht, wenn er genau weiß, dass es ohnehin nicht ausreichend wertgeschätzt wird? Stellen Sie sich vor, Ihr Kind schreibt in der Schule ein fehlerfreies Diktat und der Lehrer vergibt dennoch nur die Note „befriedigend", um es weiterhin zu guten Leistungen anzuspornen! Dem ist nichts hinzuzufügen.

Motivation und Bereitschaft sind eine Folge von Anerkennung. Schön, wenn sie auch im Außen, beispielsweise durch den Chef, erbracht wird. Selbstanerkennung hingegen kann im Herzen, im Modus der Kohärenz, stattfinden. Das HeartMath-Institut wies mit einer Studie eindeutig nach, wie sich diese nachhaltig auf Produktivität, Teamarbeit, Effektivität, Gesundheit, Kommunikation, Kreativität und Innovation auswirkt.[3]

Krankenstand und innere Kündigung

Wenn Nutzenstiftung und Sinnerfüllung fehlen und es an der Ausgewogenheit zwischen Anforderung und Erholung sowie der Balance zwischen Motivation und Anerkennung mangelt, ist entweder ein Burn-out oder ein

---

3 Institute of HeartMath: Bob Barrios-Choplin, Rollin McCraty and Bruce Cryer. An Inner Quality Approach to Reducing Stress and Improving Physical and Emotional Wellbeing at Work.

Bore-out die Folge. Unternehmen verzeichnen dann einen deutlich erhöhten Krankenstand. Herzkohärenz leistet so nicht nur für einen zeitgemäßen Führungsstil ihren Beitrag, sondern ganz besonders für das betriebliche Gesundheits-Management und damit für die Erhaltung der Vitalität der Mitarbeiter, auch wenn diese älter werden.

Manchmal erkranken Mitarbeiter tatsächlich, weil das Immunsystem dem Stress nicht mehr standhält. Oder es kommt zum sogenannten Krankfeiern. Diese Kollegen verschaffen sich Freizeit, indem sie sich arbeitsunfähig melden. Und wer bereits innerlich gekündigt hat, verrichtet höchstens noch den berühmten „Dienst nach Vorschrift". Dann wird freiwillig nichts über das Mindestmaß hinaus vollbracht, weder bezüglich der Arbeitsleistung noch in Sachen Kollegialität.

Spannend ist, dass Führungskräfte gemeinhin die Quote des Krankenstands mitnehmen, wenn sie versetzt werden. Das bedeutet, wenn beispielsweise ein Vorgesetzter, in dessen Team prozentual viele Fehlzeiten vorherrschen, in eine Abteilung mit niedrigem Krankenstand wechselt, dann melden sich dort bald darauf deutlich mehr Mitarbeiter krank. Umgekehrt wird ein Abteilungsleiter mit minimalem Krankenstand diesen auch in einem neuen Team rasch wieder vorweisen.

Und manche Teams erkranken an einem sogenannten emotionalen Virus, der sich meist flächendeckend und hochansteckend ausbreitet. Kohärente Teams hingegen sind vital und motiviert und sind füreinander da. Sie wertschätzen und unterstützen sich gegenseitig.

Übung Herz-Verbindung

1. Setzen oder legen Sie sich bequem hin. Wenn Sie möchten, schließen Sie die Augen.

2. Lassen Sie nun mit der Übung, die Sie schon kennen, bewusst in sich den herzharmonischen Zustand, also die Herzkohärenz, entstehen, indem Sie Ihren Fokus auf Ihr Herz, Ihre Atmung und auf ein angenehmes Gefühl lenken.

3. Lassen Sie nun bewusst das Gefühl von Wertschätzung und Mitgefühl in Ihrem Inneren aufsteigen und nehmen Sie wahr, wie Sie damit einen hohen Grad an Herzharmonie herstellen.

4. Lenken Sie nun dieses Gefühl zunächst zu sich selbst, so dass Sie sich in einer Wahrnehmung von Selbstachtung befinden. Halten Sie dieses Erleben so lange aufrecht, wie es sich für Sie gut anfühlt.

5. Nun holen Sie Ihre Kollegen, Teammitglieder, Kunden oder andere Menschen vor Ihr inneres Auge, mit denen Sie die Beziehung gerne optimieren möchten. Lenken Sie dann das Gefühl von achtsamer Wertschätzung und Mitgefühl zu dieser Gruppe oder auch Einzelperson.

   Sie müssen dabei nicht generell alles an diesen Menschen mögen und gutheißen. Doch jeder hat grundsätzlich auch Eigenschaften und Fähigkeiten, die Sie wertschätzen können. Mit dieser Übung neutralisieren Sie den Blick auf den oder die anderen und ermöglichen eine tragfähige partnerschaftliche Verbindung.

Fazit und Nutzen

✓ Das Herz erzeugt ein messbares elektromagneti-sches Feld, das 5000-mal stärker ist als das des Gehirns. Dieses Feld überträgt nachweislich Kohä-renz und Inkohärenz zu anderen Menschen und in den Raum nach außen.

✓ Dicke Luft oder Erfolgsklima: Herzkohärenz ermög-licht ein erfolgreiches Stimmungs- und Atmosphä-ren-Management. Kohärente Führungskräfte und Mitarbeiter gestalten ein gedeihliches Betriebskli-ma und sie erkennen Sinn und Nutzen des Unter-nehmens und ihrer eigenen Arbeit.

✓ Freude und Begeisterung sorgen für mehr Enga-gement und Hilfsbereitschaft. Herzkohärente Teams stehen füreinander ein und unterstützen sich ge-genseitig und sind bereit für aktive Mitgestaltung.

✓ Der durch die Herzkohärenz automatisch erhöhte Oxytozinspiegel ermöglicht Mitgefühl und bessere Beziehungen untereinander, zwischen Vorgesetz-ten, Teammitgliedern und Kunden.

✓ Herz und Wohlbefinden bei der Arbeit haben eine höhere Vitalität, Produktivität, Leistungsbereit-schaft und -erbringung zur Folge. Dies bedeutet geringere Fehlzeiten, weniger innere Kündigungen und im Rahmen des BGM eine Erhaltung der Vitali-tät der Mitarbeiter.

**Dass jeder Mensch ein Herz hat,
führt leider noch nicht dazu,
dass jeder eine Herzlichkeit entwickelt.**

Ernst Ferstl

Service-Kompetenz mit Herz-Kohärenz

Service-Kompetenz mit Herz-Kohärenz

Kunden – externe und interne – erwarten eine zuvor-
kommende und freundliche Behandlung. Rückmeldun-
gen von Käufern oder Geschäftspartnern, die sich statt
dessen einfach nur abgefertigt, zu wenig beachtet oder
gar angemeckert fühlen, geben Anlass, den Begriff
Kundenservice neu zu definieren.

Doch was macht Mitarbeiter service- und kundenori-
entiert, so dass aus Sachbearbeitern Service-Profis werden? Wann ist freundliches Verhalten natürlich und authentisch? Wenn das Ziel nicht nur Kundenzufriedenheit, sondern Kundenbegeisterung lautet, dann gilt es
für Unternehmen, sich mit einem glaubwürdigen Ser-
viceverhalten zu exponieren, das alle Beschäftigte ausstrahlen, weil deren Handeln von Authentizität, Überzeugung und Freude getragen wird.

Jahrelang war ich selbst in Verkauf und Kundenbera-
tung tätig und kenne die „Arbeit an der Front" nur allzu
gut – noch dazu in einem Wirtschaftszweig, der für seine anspruchsvolle Klientel bekannt ist. Vor allem in
Stresszeiten war es oftmals eine Herausforderung, Kunden nicht nur zufriedenzustellen. „Service, der begeistert" war das Prinzip, denn preislich konnten wir uns
nur bedingt von Mitbewerbern unterscheiden.

In einer Branche, die margenbedingt keine Spitzen-
gehälter zahlen kann, galt es, Mitarbeiteranreize auf
nichtmonetärer Ebene zu schaffen. Es hat sich schnell
gezeigt, dass Anerkennung und Wertschätzung in der
Führungsarbeit ein Schlüssel war, um bei Mitarbeitern

Motivation, Leistungsbereitschaft und Freundlichkeit zu fördern. Nur wer als Mitarbeiter selbst herzlich behandelt wird, kann auch zu seinen Kunden herzlich sein.

Im Laufe vieler Jahre habe ich Hunderte von Mitarbeitern in Beratung und Verkauf zu Service-Profis ausgebildet. Bei allen Kenntnissen und Fertigkeiten, die es dabei zu vermitteln gilt, zeigt sich doch eines immer sehr deutlich: Wer das Herz am rechten Fleck hat und es in seine Arbeit mit einbindet, macht vieles unweigerlich richtig.

Service mit Herz

Für viele Firmen sind auch heute noch zufriedene Kunden das oberste Ziel. Doch vergleichbare Produkte und austauschbare Dienstleistungsstandards im Sinne von antrainierter Freundlichkeit und vereinheitlichten Service-Richtlinien sind in unserer derzeitigen Wirtschaftswelt meist die Regel. Damit binden Sie nicht den Kunden von morgen – Einzigartigkeit sieht anders aus!

Wer von uns kennt es nicht: Wir rufen bei irgendeinem Dienstleistungsunternehmen an – und derer gibt es viele – und landen erst einmal in einer anonymen Hotline, oft sogar in einem anderen Land. Schon die Begrüßung ist meist ein Einheitsbrei. Erfahrungsgemäß hören wir einen vorgeschriebenen Satz, der zwar inhaltlich gut gemeint sein mag, doch der Klang in der Stimme transportiert vielmehr diese Aussage: *„Ich hasse es, diesen Satz zu sagen, schon wieder muss ich diesen Scheißsatz sagen, was wollen Sie denn von mir?!"*

Bedenken wir, dass ein Callcenter-Mitarbeiter nicht selten bis zu 100 Gespräche am Tag entgegennimmt. Stellen Sie sich vor, sie müssten per Anordnung 100-mal am Tag einen Satz sagen, den Sie nicht mögen und mit dem Sie sich kein bisschen von Ihren Kollegen abheben, weil alle verpflichtet sind, exakt das Gleiche von sich zu geben? Wo bleiben hier Einzigartigkeit und Authentizität, Herzlichkeit und individueller Service? Oder gar Freude am Tun?

Dieser einleitende Satz bestimmt nun die Atmosphäre in der Leitung, denn für den ersten Eindruck gibt es keine zweite Chance. Wenn der Anrufer das Gefühl hat, nicht als Kunde willkommen, sondern vielmehr ein Störfaktor zu sein, dann fühlt er sich weder wohl noch beachtet. Folglich wird er dort weniger oder womöglich gar nicht kaufen und er wird überdies negative Werbung machen.

Laut der *TARP*-Studie *(Technical Assistance Research Program)* erzählen Kunden eine positive Erfahrung etwa zwei bis drei anderen Menschen. Ein negatives Erlebnis hingegen wird zehn- bis zwölfmal weitererzählt. Die Stimmung in einem Gespräch, das so beginnt, wieder herumzureißen und ins Positive zu verändern, gleicht einem Wunder. Und dabei ist gar nicht wichtig, ob es der Mitarbeiter am Telefon mit dem Anrufer tatsächlich nicht gut meint, denn es zählt einzig, was bei diesem ankommt und wie es von ihm verstanden wird. Bereits der Kommunikationswissenschaftler Paul Watzlawick hob hervor, dass es in der Kommunikation nicht darum geht, was der Sprecher sendet, sondern was der

Zuhörer empfängt, da ein Gespräch immer mit Beziehung und Emotion verknüpft ist. Wir vernehmen nicht nur das gesprochene Wort, sondern ganz besonders die mitschwingenden, nonverbalen Gefühlsnuancen. Vielleicht klingt es sogar ein wenig schockierend, dass wir am Telefon nur zu 16 % über die Worte wirken und dafür zu 84 % über den Klang der Stimme. Dies zeigt die Studie *Silent Messages* von Albert Mehrabian an der University of California. Das Fazit daraus ist schnell gezogen: Stimmung = Stimme!

Das bedeutet nicht, dass das gesprochene Wort gänzlich unwichtig wäre. Selbstverständlich sind in einem Gespräch eine gelungene Wortwahl und vorteilhafte Formulierungen unabdingbar. Doch einige Verkäufer greifen gerne – besonders in Akquisegesprächen – auf vorgefertigte Gesprächsleitfäden und einheitliche Argumentationstechniken zurück. Abgelesene Leitfäden und auswendig gelernte Sätze haben aber nun mal kein Begeisterungspotenzial. Gute Verkäufer punkten durch Persönlichkeit und Empathie. Sie beherrschen eine professionelle Fragetechnik und kennen den Unterschied zwischen *überreden* und *überzeugen*.

Der langjährige IBM-Chef Thomas J. Watson, der auch als einer der weltbesten Verkäufer bezeichnet wurde, prägte einst diesen Satz: *„Wenn Sie Spitzenleistungen erreichen wollen, können Sie das sofort schaffen. Hören Sie einfach noch heute damit auf, weniger als exzellente Arbeit abzuliefern."*

Wer demnach alleinig auf Kundenzufriedenheit setzt, verfolgt wahrhaft einen gestrigen Ansatz. Produktqualität ist für den Kunden heutzutage eine Selbstverständlichkeit. Doch nur dort, wo es auch „menschelt", fühlt man sich willkommen und verstanden. Was also begeistert, sind Herzlichkeit und Empathie! Authentisches, natürliches Auftreten verbunden mit Fachkompetenz und lösungsorientierter Hilfsbereitschaft – das erzeugt eine anhaltende Kundenbindung. So entsteht der sogenannte Wow-Effekt, der Kunden wie ein Sog anzieht. Dafür braucht es keine teuren Marketingideen!

Mitarbeiter, die sich wohlfühlen, sorgen in ihrem Umfeld für gelebte Herzlichkeit. Ein positives Stimmungsmanagement ist dafür unabdingbar. Die Bereitschaft, anderen – Kunden, Kollegen etc. – Gutes zu tun, wird zur Selbstverständlichkeit. Ebenso die Fähigkeit, vielfältige Kundenbedürfnisse zu erkennen und individueller Problemlöser für Käufer und Verbraucher zu sein. Hinzu kommt ganz nebenbei: Begeisterte Kunden sind der beste und günstigste Werbeträger!

Aufmerksamkeit macht den Unterschied

Die Formel für exzellenten Service ist denkbar einfach: Wenn ein Kunde bei einem Dienstleister genau das bekommt, was er dort erwartet, wie wird wohl das Ergebnis sein? Er ist zufrieden. Welche Konsequenz folgt, wenn er weniger erhält als das, was er sich erhofft? Er ist unzufrieden, vielleicht sogar verärgert und wütend. Was aber geschieht, wenn der Kunde mehr bekommt, als er erwartet? Er ist begeistert! Dann erlebt er den sogenannten Wow-Effekt, den der prominente Unternehmensberater Tom Peters in seinem gleichnamigen Buch beschreibt. Inzwischen werden diese Wow-Momente auch als *Customer Experience Management* bezeichnet. Dabei geht es nicht darum, die Dienstleistung mit teuren Geschenken zu versehen. Die vielen kleinen Dinge kosten oft kein Geld. Manchmal genügt ein Quäntchen mehr Aufmerksamkeit, ein freundlicher Blick oder ein herzliches Lächeln.

Bereits vor zweieinhalbtausend Jahren appellierte Konfuzius: *„Fordere viel von dir selbst und erwarte wenig von anderen, so wird dir mancher Ärger erspart bleiben."* Ein tiefgründiger Ansatz, denn Servicebewusstsein lässt sich daran erkennen, dass wir einem Kunden mehr zu geben bereit sind, als wir selbst von ihm erwarten. Das meiste ist schon gewonnen, wenn wir ihm Offenheit und echtes Interesse schenken.

Das bedeutet für Mitarbeiter, auch mal über den eigenen Tellerrand hinauszusehen und die persönliche Wahrnehmung zu schärfen. Dazu fällt mir ein Beispiel ein: Auf einer meiner geschäftlichen Reisen stieg ich in einem Hotel in Zürich ab. Als ich dort ankam, warteten bereits ein paar Gäste am Empfangstresen, um einchecken zu können. Das war nicht weiter schlimm, denn meist dauert das ja gar nicht so lange. Im Augenwinkel nahm ich einige Meter weiter den Eingang zum Restaurant wahr, wo zu dieser Zeit noch nichts los war. Dort stand eine Kellnerin und die Vermutung lag nahe, dass sie sich ein wenig langweilte. Auf einmal kam sie zu uns herüber und sagte: *„Herzlich willkommen in unserem Haus! Möchten Sie vielleicht, während Sie warten, eine*

Tasse Kaffee oder ein Gläschen Sekt?" Wow! Das nenne ich Aufmerksamkeit! Mit dieser Geste verblüffte sie nicht nur. Vor allem vermittelte sie uns Wartenden einen ersten Eindruck, der fürs ganze Haus stand.

Beziehungsgestaltung mit Kunden

Das Gegenüber wahrnehmen und echtes Interesse zeigen sind Grundvoraussetzungen für eine positive Beziehungsgestaltung. Um eine Beziehung mit jemandem aufzubauen, der anfangs noch fremd ist, braucht es vor allem eines: Vertrauen. Doch dieses bringen wir nur dann jemandem entgegen, wenn wir zunächst positiv beachtet werden und wir das Gefühl haben, als Individuum gesehen und wahrgenommen zu werden.

Viele Unternehmen legen großen Wert darauf, dass Mitarbeiter in Weiterbildungsveranstaltungen vor allem Verkaufsargumente und Abschlusstechniken lernen. Ja, das ist nicht verkehrt und mit einer guten Fragetechnik auch keine große Kunst. Die kann man sich mittels Training gewiss aneignen. Doch am Anfang der Begegnung steht zunächst die emotionale Ebene und diese ist eine Frage der inneren Haltung. Bei einem Neukunden bedeutet es, sein Vertrauen zu gewinnen, bei einem Bestandskunden gilt es, dieses erneut zu rechtfertigen und die gute Beziehung zu pflegen.

Wie wir alle wissen, ist der sogenannte Small Talk dafür das beste Mittel. Doch dieser kann seine Wirkung nur entfalten, wenn er ungezwungen vonstattengeht. In aufgesetzter Form wirkt er geradezu lächerlich. Es ist wichtig, dass Mitarbeiter in Kundengesprächen natürlich und authentisch bleiben und ihren eigenen Stil bewahren, nicht nur bei der Begrüßung. Statt mit einstudierten und standardisierten Floskeln überzeugen sie dann mit kommunikativer Kompetenz.

Das Rezept für eine gute Beziehungsgestaltung ist denkbar einfach: Wenn wir in unserem Herzen sind und unser Tun von Freude und Begeisterung getragen ist, sind wir kohärent und strahlen es über das elektromagnetische Feld des Herzens in die Umgebung aus. Beziehung und Vertrauen sind die selbstverständliche Folge. Unser Gegenüber nimmt diesen Effekt ebenfalls mit seinem Herzen wahr, es ist kein kognitiv-logischer Vorgang. Vielmehr ist es ein Gefühl, das dazu beiträgt, dass der andere sich bzw. sein Herz öffnen und sich auf die Begegnung einlassen kann.

Eine neue Beziehung zwischen zwei Menschen – auch eine geschäftliche – ist wie eine kleine Pflanze. Sie braucht eine gewisse Zeit, bis sie keimt, und sie benötigt ein gutes Klima, Pflege und Aufmerksamkeit. Je mehr Sie gleich am Anfang der Begegnung dafür sorgen, dass der Boden für eine gute Beziehung zwischen Ihnen beiden bereitet ist, desto leichter fällt später der Umgang mit diesem Menschen. Indem Sie Präsenz zeigen und mit Herz und Verstand für ihn da sind, schaffen Sie eine vertrauensvolle Atmosphäre.

Eine gute Kundenbeziehung zeichnet sich dadurch aus, dem anderen auf Augenhöhe zu begegnen und in ihm stets einen gleichwertigen Partner sehen zu können. Den Kunden als König zu betrachten, ist heutzutage nicht mehr zeitgemäß. Zumal es folgerichtig bedeuten würde, sich selbst als Service-Fachkraft wie ein Dienstbote herabzustufen. Es würde einer Gleichstellung widersprechen. Die Ritz-Carlton-Hotelgruppe hat dafür in ihren Standards diesen Satz verfasst: *„We are ladies and gentlemen serving ladies and gentlemen."* Treffender könnte man Ebenbürtigkeit nicht formulieren. Und man kann sie – gerade in der Dienstleistungsbranche – wunderbar mit Aufmerksamkeit, Achtsamkeit und Respekt kombinieren. Größte Wertschätzung und Zuwendung kann man jemandem durch aktives und interessiertes Zuhören zeigen. Das gibt ihm das Gefühl, wahrhaft ernst genommen und geachtet zu werden.

Dennoch ist es nicht jedermanns Sache, sich für einen Beruf zu entscheiden, in dem die Begegnung mit anderen Menschen und damit eine tragfähige Beziehungsebene die Grundvoraussetzungen sind. Es gibt nun mal Zeitgenossen, die eher sachorientiert sind, während andere zu den beziehungsorientierten gehören. In Kundenservice-Seminaren lasse ich die Teilnehmenden sich dazu gerne in eine gedachte Situation versetzen: „Stellen Sie sich doch einmal vor, ich käme mit einer Liste voller Kundendaten zu Ihnen. Nun können Sie sich aus den folgenden zwei Aufgaben die aussuchen, die Ihrem Typus mehr entspricht. Die eine Aufgabe würde bedeuten, dass Sie alle Kunden auf der Liste anrufen und ihnen in einem lockeren, offenen Gespräch ein paar Fragen stellen, denn wir benötigen noch einige Informationen. Die andere Aufgabe wäre – am besten zurückgezogen in einem Einzelbüro, um die erforderliche

Ruhe zu haben –, alle gesammelten Kundendaten sorgfältig in eine Datenbank einzupflegen."

Es ist nicht weiter verwunderlich, dass sich der beziehungsorientierte Typ schnell für die Telefonate entscheidet, denn der braucht den Kontakt zu anderen Menschen wie die Luft zum Atmen. Jemand, der sachorientiert ist, geht direkten Begegnungen lieber aus dem Weg. Diese beiden Typen lassen sich gut den Organen Herz und Hirn zuordnen. Der Herzbewusste kann sich auf Gefühle einlassen. Wer das Hirn in den Vordergrund stellt, gibt hingegen Verstand und Ratio den Vortritt. Wer beides kann, ist herz-hirn-kohärent.

Mir sind durchaus schon Seminarteilnehmende begegnet, die schlicht und einfach nicht der menschenorientierte Typ sind und die sich mit der Beziehungsebene schwer tun. Selbst wenn sie es stunden-, tage- oder wochenlang übten, würde sich daran nichts ändern. Ich frage dann schon mal offen, wer diese Person eigentlich gezwungen hat, in der Dienstleistung zu arbeiten? Es gibt durchaus attraktive Arbeitsstellen mit geringem Menschenkontakt in Archiven und Labors! In Service- und Kundendienstjobs ist es daher wichtig, dass Unternehmen bei ihrer Personalauswahl berücksichtigen, inwieweit jemand wirklich *herzlich* ist.

Hilfsbereitschaft und Lösungsorientierung

Als Service-Experte wissen Sie längst: Was sich für einen Kunden manchmal wie ein Weltuntergang anfühlt, mag Ihnen als erfahrener Profi wie eine Kleinigkeit erscheinen. Umso wichtiger, ihm zu zeigen, dass die Lösung nahe liegt und er bei Ihnen in guten Händen ist.

Besonders in verzwickten Situationen ist es wesentlich, für den Kunden wirklich präsent, konzentriert und aufmerksam zu sein, ihm helfen zu wollen und dies auch glaubhaft zu vermitteln. Vielleicht findet sich auf die Schnelle keine gute Lösung, möglicherweise gibt es auch mal gar keine. Was zählt, ist, dem Gegenüber das Gefühl zu vermitteln, in seinem Interesse zu handeln. Mitunter ist es nur ein Hinweis, den Sie jemandem geben, manchmal ist es wirklich Mitgefühl.

Und gelegentlich braucht es eine große Portion Toleranz. Sie bedeutet nicht dasselbe wie Gleichgültigkeit. Vor allem heißt Toleranz, den anderen zu achten und ihn so zu akzeptieren, wie er nun mal ist. Schon Konrad Adenauer sagte: *„Nehmen Sie die Menschen, wie sie sind, andere gibt's nicht."*

Zuweilen dürfen Service-Fachkräfte einem Kunden, der sich im Tonfall vergreift, auch mal eine Grenze aufzeigen. Dabei ist wichtig, auf die Ebenbürtigkeit zu achten. Das bedeutet einerseits, dass Sie sich nicht alles bieten lassen müssen, und andererseits, dem Gegenüber zwar bestimmt, aber dennoch höflich zu verdeutlichen, dass Sie ihm gerne helfen möchten, Sie ihn jedoch bitten, fair miteinander umzugehen.

Auch hierbei spielt die Herzkohärenz wieder eine enorme Rolle, denn im Modus der Herzharmonie kann sich nicht nur unser soziales Bewusstsein entfalten, wir können außerdem klar und entschlossen auftreten.

Herausfordernde Gespräche meistern

In jedem Unternehmen kommt es vor, dass ein Kunde auch einmal reklamiert. Bedenken wir allerdings, dass sich nur 5 % aller unzufriedenen Kunden überhaupt beschweren – die übrigen wechseln wortlos zum Mitbewerber. Machen Sie also Reklamationen zur Chance durch kundenorientiertes Beschwerdemanagement! Der bekannte Unternehmer Robert Bosch sagte einmal: *„Beschwerden und Reklamationen sind kostenlose Marktforschung."* Ein wahres Wort, insbesondere, wenn man sich vor Augen führt, wie viel Geld Firmen für Marktforschung ausgeben! Dabei würde es oft schon genügen, Kunden einfach ernst zu nehmen und ihnen wirklich zuzuhören.

Mit Hilfe effektiver Kommunikationspraktiken und einem bewussten Einsatz der persönlichen und emotionalen Ebene lässt sich auch in heiklen und schwierigen Situationen eine vertrauensvolle Gesprächsbeziehung gestalten. Nicht selten sind es derartige Herausforderungen, die helfen, die Kundenbeziehungen merklich zu verbessern und dauerhaft zu stabilisieren.

Ab und an geschehen Dinge, die die gute Beziehung und das Vertrauen zwischen Ihnen und dem Kunden belasten. Dann ist es immens wichtig, auf die Gefühle einzugehen, die dabei im Spiel sind. Emotionen sind stets stärker als der Verstand! Manchmal ist ein Kunde unzufrieden, beschwert sich und beschimpft Sie vielleicht sogar heftig. Doch wenn Sie schon einmal sein Vertrauen gewonnen hatten und ihm auf der Beziehungsebene begegnet sind, können Sie viel einfacher wieder eine zuträgliche Gesprächsatmosphäre schaffen.

Ein Gespräch kann sich wahrhaft schwierig gestalten, wenn ein Kunde verärgert ist und seiner Wut lautstark Luft macht. Das steckt auch ein Profi nicht immer so einfach weg. Noch herausfordernder als Zorn ist es allerdings, mit Gefühlen wie Trauer, Sorge und Angst umzugehen. Dies ist der Fall, wenn der Gesprächspartner in irgendeiner Form von Tod betroffen ist. In meinem Kundenstamm finden sich Krankenkassen und Touristikunternehmen und beide kennen Situationen, wo es derart schwierige Gespräche zu führen gilt. Mitarbeiter einer Krankenversicherung kommunizieren beispielsweise mit Schwerkranken, die nicht mehr lange zu leben haben, oder auch mit Angehörigen, die gerade ein Familienmitglied verloren haben.

Ich erinnere mich daran, als einem lebensbedrohlich Kranken eine gewünschte Leistung abgesprochen werden musste, weil sie nicht kassenüblich war. Tobend baute er sich vor dem Beratungstisch der Mitarbeiterin auf und brüllte: *„Wenn Sie wollen, dass ich sterbe, dann tue ich es gleich jetzt und hier! Und ich mache Sie dafür verantwortlich!"* Sicherlich verspürte er statt Wut vielmehr eine tiefe Angst und ein Gefühl von Machtlosigkeit. Es versteht sich von selbst, dass es an dieser Stelle mehr als ein paar Trostfloskeln braucht.

Reiseberater kennen Situationen, in denen Urlauber bei einer Naturkatastrophe oder einem Terroranschlag ums Leben kommen oder schwer verletzt werden. Ein umsichtiges Notfallmanagement ist an dieser Stelle unabdingbar. Die Mitarbeitenden stehen in diesen Umständen einem Ansturm an schwierigen und herausfordernden Gesprächen – telefonisch oder auch persönlich – mit Betroffenen und Angehörigen gegenüber. Die Menschen, die in solchen Momenten zu betreuen sind, stehen stark unter emotionalem Stress. Krisenteam-Spezialisten brauchen daher ein hohes Maß an Professionalität, um derartige Situationen zu meistern.

In meiner Praxis als Trainerin und Coach habe ich oftmals festgestellt, dass in solchen Momenten reine Kommunikationstechniken nicht ausreichen. Neben der Frage, wie man im besten Fall diesen unterschiedlichen menschlichen Reaktionen entgegentritt, ist vor allem die Thematik des Umgangs mit sich selbst in oder nach derart belastenden Situationen elementar wichtig. Ein gezieltes Selbstmanagement auf Basis der Herzkohärenz-Technik und Elementen aus der modernen Stressforschung gibt den Mitarbeitern bewährte und praxisorientierte Methoden an die Hand. So können sie die Gratwanderung meistern, einerseits die innere Balance wiederherzustellen, sich emotional zu distanzieren und die Schicksale der Betroffenen nicht mit nach Hause zu nehmen sowie ihnen andererseits Wärme, Verständnis und Hilfsbereitschaft entgegenzubringen.

Persönliches Emotionsmanagement

Oft und schnell hören wir die Aussage, dass es nicht professionell sei, in herausfordernden Situationen emotional zu reagieren. Das stimmt – wenn wir emotional an dieser Stelle mit aufbrausend, weinerlich oder hysterisch übersetzen.

Professionalität wird oft mit den Attributen kompetent, versiert, fachkundig, sachverständig oder patent beschrieben. Keines davon ist falsch, doch sie sind alle sehr kopfbezogen. Wo bleibt das Herz? Meiner Ansicht nach ist es durchaus professionell, statt emotional gefühlvoll aufzutreten. Dies setzt die Bereitschaft voraus, sich seinen eigenen Gefühlen zu stellen und die Aufmerksamkeit vom Kopf wieder aufs Herz zu lenken.

Besonders im täglichen Umgang mit anderen Menschen sehen wir uns manchmal gezwungen, uns selbst und unsere Reaktionen sozusagen im Griff zu haben. Dabei erinnere ich mich an den Erfahrungsbericht meines Klienten Martin P.: *„Ich bin Kundenberater in einem großen Dienstleistungsunternehmen. An einem gewöhnlichen Arbeitstag führe ich ein Kundentelefonat nach dem anderen. Schnelles Handeln und lösungsorientiertes Vorgehen sind ein Muss. Und das alles natürlich immer mit Freundlichkeit, Geduld und Hilfsbereitschaft. Die hektische Atmosphäre im Großraumbüro trägt nicht unbedingt zu meiner inneren Ruhe bei. Das alles zusammen löst bei mir oft einen hohen Grad an Gereiztheit aus. Besonders in schwierigen Kundengesprächen, beispielsweise bei Beschwerden, werde ich schnell patzig und ungehalten. Häufig rutschen mir dann Bemerkungen heraus, die nicht nur der Kundenbeziehung schaden, sondern inzwischen auch meine Karriere gefährden. Im Coaching habe ich gelernt, dank der Herzkohärenz-Methode mit meinen Emotionen konstruktiv umzugehen.*

Besonders gut gefällt mir, dass ich die Übungen sogar während meiner Kundengespräche machen kann, so dass diese in einer viel besseren Stimmung verlaufen. Wirklich klasse!"

Dass die Harmonisierung der eigenen Gefühle und die daraus resultierenden Reaktionen nicht nur im beruflichen Umfeld von großer Bedeutung sind, wissen wir längst. Auch im Kollegen- und Freundeskreis sowie im familiären Umfeld können wertvolle Beziehungen auf dem Spiel stehen, wenn die Emotionen mit uns durchgehen. Umso wichtiger ist einerseits eine gute Selbstwahrnehmung und andererseits etwas an der Hand zu haben, das wirklich hilft.

Die Schilderungen meines Klienten Ralf H. machen dies deutlich: *„Die meisten Menschen in meinem Umfeld kannten mich jahrelang als Choleriker. Meine ständigen Wutausbrüche waren für alle – mich eingeschlossen – ziemlich anstrengend. Immer wieder passierte es mir, dass ich bei Kleinigkeiten ausrastete. Oft habe ich Menschen beschimpft und beleidigt. Ich war wohl ein ganz schönes Ekel. Im Büro wurde ich inzwischen von den Kollegen gemieden und meine Ehe stand ziemlich auf der Kippe. Mir war schon länger klar, dass ich dagegen etwas unternehmen sollte. Aber was? Dann wurde in unserem Unternehmen ein Kurs angeboten, bei dem ich die Herzkohärenz kennenlernte. Erst war ich erschrocken, als ich am Monitor sah, dass ich sogar im „Normalzustand" einen höchst chaotischen Herzrhythmus hatte – ganz zu schweigen davon, wenn ich zornig war! Mir wurde nochmals sehr deutlich gemacht, dass ich mit dieser Le-*

bensweise nicht nur anderen, sondern vor allem mir selbst schade. Toll fand ich, dass die Übung so einfach geht und dass sie so schnell wirkt. Man kann sie sehr leicht in den Alltag einbauen und immer und überall anwenden. Ich habe schnell gemerkt, dass ich meine Gefühlsausbrüche dadurch kontrollieren kann. Mir wurde klar, dass ich sie nicht unterdrücken darf. Aber sie auszuleben ist eben auch keine Lösung und es schadet noch dazu meiner Gesundheit. Mit der Herzkohärenz habe ich gelernt, meine Emotionen zu regulieren. Am meisten freut mich, dass es wieder harmonische Beziehungen in meinem Leben gibt."

Dem Steinzeitmodus entkommen

Noch nie hat jemand einen Kampf mit einem Kunden tatsächlich gewonnen. Das Ziel lautet allerdings auch nicht, klein beizugeben oder gar zu kuschen. Doch bevor Sie sich in professioneller Weise Ihrem Kunden widmen können, indem Sie ihm Verständnis, Einfühlungsvermögen und ein Lösungsangebot entgegenbringen, dürfen Sie zunächst den Fokus auf sich selbst richten, denn Sie sind ebenfalls emotional involviert.

Machen wir uns an dieser Stelle bewusst, dass heftige emotionale Ausbrüche eines Gegenübers, verursacht durch Wut, Angst oder Schmerz, sofort etwas in uns auslösen. Binnen Sekundenbruchteilen regredieren wir praktisch zum Neandertaler und können unser Denken und Handeln nicht mehr rational steuern. Wir erleben einen immensen Stress!

Stress war seit jeher notwendig, um unser Überleben zu sichern. Seit Jahrmillionen bedeutete Stress für ein Individuum Lebensgefahr und nach wie vor reagiert der menschliche Körper darauf nach einem eingefahrenen Schema wie vor Millionen Jahren, als unsere Vorfahren noch Jäger und Sammler waren. Flucht, Kampf und Lähmung sind die Grundreaktionsmuster.

Wenn Gefahr droht, bleibt keine Zeit für langwierige Denkprozesse, bei denen Pro und Contra abgewogen werden. In einer akuten Stresssituation sorgt somit das Gesamtsystem dafür, dass die logisch und sachlich denkenden Areale im Kopf – dabei handelt es sich vor allem um den Neokortex, die Großhirnrinde – deutlich weniger und in der Ausnahmesituation so gut wie gar nicht mehr arbeiten. Wir wissen es bereits: Je stärker das Stresserleben, desto weniger Konzentration und Denkvermögen oder gar Kreativität und Problemlösungsfähigkeit sind möglich.

In diesem Moment setzt oft die sogenannte kortikale Hemmung ein, die wir Laien als Blackout kennen. Jetzt übernimmt der evolutionsgeschichtlich älteste Teil des Gehirns – das Stammhirn, auch Reptilienhirn genannt – die Regie. Dieses Hirnareal kann nicht logisch denken. Es kümmert sich stattdessen um alle Funktionen, die das Überleben sichern, wie beispielsweise Atmung, Wärme- und Kältewahrnehmung, Hunger- und Durstempfinden oder Wach- und Schlafrhythmus. Es kann im Moment des größten Stresses nur drei genetisch festgelegte Verhaltensweisen ermöglichen: Kampf, Flucht und Starre bzw. Lähmung.

Zwar leben wir heute nicht mehr in Höhlen und die Säbelzahntiger von einst sind völlig anderen Stressoren gewichen. Dennoch reagiert unser System steinzeitlich. Daran ist nicht zu rütteln, denn diese Verhaltensweisen sind als eine Art Alarmprogramm seit Millionen von Jahren genetisch in uns festgelegt. Wir können sie nicht mit einer bewussten Absicht oder Willenserklärung durchbrechen. Es sind überlebenswichtige Reaktionen, die in Gefahrensituationen – und die gibt es auch in modernen Zeiten – völlig angebracht sind.

Auch wenn wir heutzutage nicht mehr die Keule schwingen – die genannten Reaktionsmöglichkeiten kennen Sie gewiss auch aus Ihrem Alltag. Im Kampf-modus stellen Sie sich einer Situation, Sie nehmen „etwas in Angriff" und attackieren gegebenenfalls auch mal jemanden verbal. Im Fluchtmodus drücken Sie sich vor einer Auseinandersetzung. Vielleicht rennen Sie beleidigt aus dem Zimmer oder werfen bei einem Telefonat genervt den Hörer auf die Gabel, um sich der unbequemen Situation zu entziehen. Eine Starre erleben Sie bei Furcht und Schrecken, dann sind Sie „vor Angst gelähmt". Oder Sie sind bei einem verbalen Angriff so perplex, dass Sie in die umgangssprachliche „Schnapp-atmung" verfallen, Ihnen der Unterkiefer bildlich gesprochen auf den Boden klappt und Sie zu keiner Reaktion mehr fähig sind.

Fassen wir diese Erkenntnisse zusammen, dann wird deutlich, weshalb es als Service-Mitarbeiter so schwer ist, in heftigen, emotionalen Situationen souverän und gelassen zu reagieren: weil es biologisch betrachtet gar nicht möglich ist. Es wäre aber zu einfach, wenn wir das nun als Freibrief interpretieren und unsere manchmal ungestümen Gegenreaktionen damit rechtfertigen würden.

Es ist nicht so, dass wir gar nichts tun können, es ist eine Frage des Zeitpunkts. Die folgende Grafik zeigt, dass in einer Stresssituation – nehmen wir das Beispiel Wut und Ärger, denn damit haben Dienstleister häufiger zu tun – in kurzer Zeit eine größere Menge Stresshormone ausgeschüttet wird. Je weiter die Kurve ansteigt, desto mehr bewegen wir uns in Richtung Blackout. Doch bereits auf dem Weg vom Normalzustand bis hin zur kortikalen Hemmung nimmt die Leistung des Großhirns ab bzw. der mentale Stress nimmt zu. Dann sind Sie nicht mehr in der Lage, die richtigen Worte zu finden oder eine gute Entscheidung zu treffen, geschweige denn, Ruhe und Bedacht walten zu lassen. Ihrem Kunden geht es übrigens in diesem Moment nicht anders als Ihnen.

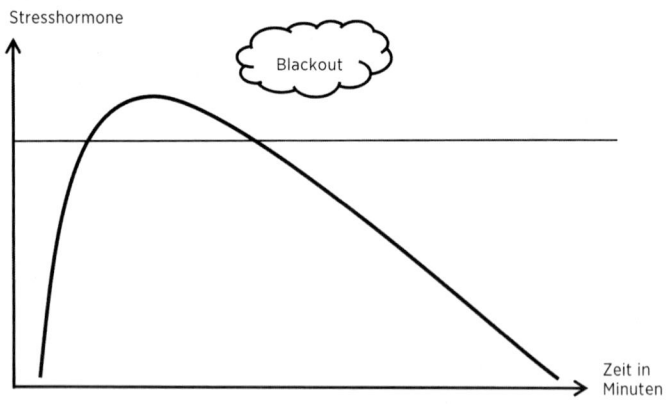

Service-Kompetenz mit Herz-Kohärenz

Würden Sie nun erst kurz vor Erreichen des Blackouts versuchen gegenzusteuern, könnten Sie nichts mehr ausrichten. Es handelt sich hier um ein Millionen Jahre altes Programm, dem Sie mit einer willentlichen Absicht nichts entgegensetzen. Da Ihre Großhirnleistung im Stressmoment drastisch gemindert ist, könnten Sie noch nicht einmal eine solche formulieren, denn logisches Denken findet zu diesem Zeitpunkt kaum mehr statt.

Hat dieses – meist nur wenige Minuten dauernde – Programm erst einmal begonnen, nimmt es seinen Lauf. Umso wichtiger ist es, frühzeitig zu merken, wann Ihre Stresskurve anzusteigen beginnt. Um dann geradewegs persönliches Emotionsmanagement zu betreiben! Aus Kursen für Beschwerdemanagement ist bekannt, einem emotionalen, aufgebrachten Kunden erst einmal aktiv zuzuhören und ihn reden zu lassen, damit er seinem Ärger Luft machen kann. Das dauert ein paar Minuten und diese können Sie bewusst und gezielt für sich selbst nutzen! Praktizieren Sie nun einfach die ersten beiden Schritte der Herzkohärenz-Übung. Lenken Sie Ihren Fokus auf Ihr Herz und auf eine gleichmäßige Atmung – mehr nicht. Nach nur wenigen Augenblicken wird sich Ihr emotionaler Zustand neutralisieren und Sie halten damit den Verlauf Ihrer Stresskurve auf.

Unterbrechen Sie also bewusst Ihre Reaktionsschleife! Die Atmung dient Ihnen dabei als wichtiger Schlüssel. Sie ist einer der elementarsten Regulatoren, um die Herzfrequenz und damit auch den emotionalen Zustand zu beeinflussen. Es gibt einen engen Zusammenhang zwischen den Gefühlen und der Atmung – und damit zwischen der emotionalen und der physischen Ebene des Herzens. Mit einer der vorhergehenden Übungen haben wir bereits gelernt, wie wir auf sehr einfache Weise mit einer gleichmäßigen, tiefen Atmung den Herzrhythmus bewusst beeinflussen und damit die Kohärenz erhöhen können.

Nun ergänzen wir diese Erfahrung mit der Erkenntnis, dass jeder Emotion ihr eigenes Atemmuster zugeordnet werden kann. Wenn wir beispielsweise lachen, dann erzeugt das Glucksen eine andere Art zu atmen, als wenn wir weinen und dabei das typische Schluchzen entsteht. Das bedeutet, dass das bewusste Verändern des emotionalen Zustands auch ein verändertes Atemmuster erzeugt. Wenn wir ein angenehmes Gefühl in uns wachrufen, dann beruhigt sich die Atmung, sie wird tiefer und gleichmäßiger.

Interessant, dass dies auch umgekehrt gelingt. Atmen Sie nun tief und gleichmäßig, dann können keine unangenehmen Gefühle entstehen. Die emotionale Befindlichkeit verändert sich unmittelbar in eine neutrale. So kann sich ein wenig später auch wieder eine positive innere Ausrichtung einstellen.

Halten Sie in hitzigen Situationen inne und atmen Sie bewusst. Lauschen Sie aufmerksam auf Ihr Herz, stellen Sie dann fest, welche Entscheidung zur Veränderung es jetzt zu treffen gilt oder wie Sie sich mit der Situation arrangieren könnten – also währenddessen, nicht im Nachhinein. Zuversichtliche Gedanken, Gefühle und Einstellungen erhöhen das Energieniveau. Die Energie, die

Sie sparen, wenn Sie innehalten und lernen, wirksame Entscheidungen zu treffen, lässt Sie Zeit gewinnen. So kontrollieren und steuern Sie bewusst und wirkungsvoll impulsive Reaktionen auf Menschen und Probleme.

Damit haben Sie eine Selbstregulationstechnik an der Hand, die Sie immer und überall anwenden können, selbst wenn um Sie herum ein Tohuwabohu herrscht. So ruhen Sie gelassen in Ihrer Mitte. Sie begegnen Stressmomenten und herausfordernden Menschen und Situationen mit einer veränderten inneren Haltung. Sie können Stress in Stärke und Resilienz verwandeln und in jedem Moment des Alltags für Ihre Vitalität und Ihr inneres Wohlbefinden sorgen.

Mit der Herzkohärenz verfügen Sie außerdem über eine der wirkungsvollsten Quellen, um Achtsamkeit und Mitgefühl im Alltag wahrhaft zu leben. Indem Sie diese Qualitäten ausstrahlen, werden sie zu Ihnen zurückkehren.

Bleiben Sie dran! Nehmen Sie sich immer mal wieder einen Moment Zeit, sich in Selbstfürsorge zu üben und Ihre Herzharmonie zu balancieren.

So gelingt Ihnen ein herzbewusstes, selbstbestimmtes, zufriedenes und erfolgreiches Leben – beruflich wie privat!

Übung Herz-Balance

1. Setzen Sie sich bequem auf einen Stuhl, schließen Sie die Augen, strecken Sie die Beine aus und legen Sie einen Fußknöchel über den anderen.

2. Verschränken Sie nun Ihre Arme vor der Brust. Legen Sie Ihre Hände unter die Arme, so dass vier Finger Ihrer Hand in der Achselhöhle liegen und der Daumen seitlich am Oberkörper ruht. Ihre Finger berühren nun in der Achselhöhle einen Punkt namens H1. Hier beginnt in der Lehre der traditionellen chinesischen Medizin (TCM) der sogenannte Herz-Meridian. Indem Sie diesen stimulieren, balancieren Sie Ihren emotionalen Zustand.

3. Atmen Sie nun gleichmäßig und langsam ein und aus. Achten Sie darauf, dass Sie dabei tief in den Bauch atmen.

   Diese Übung bringt das emotionale System ins Gleichgewicht. Sie wirkt besonders gut, wenn Sie innerlich aufgewühlt, beunruhigt oder verärgert sind und Sie emotional wieder runterfahren wollen.

   Es ist nicht notwendig, doch wenn Sie möchten und es sich für Sie stimmig anfühlt, dann ergänzen Sie diese Übung gerne zusätzlich mit den Ihnen bekannten Punkten der Herzkohärenz-Übung:

4. Richten Sie Ihren Fokus auf Ihr Herz und Ihren gleichmäßigen Atem.

5. Lassen Sie bewusst ein positives, liebevolles Gefühl in sich aufsteigen.

Fazit und Nutzen

- ✓ Herzkohärenz ermöglicht einen herzlichen Kundenservice, denn Kundenzufriedenheit alleine ist nicht mehr zeitgemäß – das Ziel lautet Kundenbegeisterung.

- ✓ Andere zu begeistern setzt voraus, selbst mit Freude und Leidenschaft seiner Tätigkeit nachzugehen. Über das elektromagnetische Feld des Herzens wird diese innere Ausrichtung auf andere übertragen, auch auf Kunden.

- ✓ Eine positive Beziehungsgestaltung mit Kunden setzt Vertrauen voraus. Dieses entsteht im Herzen, nicht im Kopf.

- ✓ Mitarbeiter, die selbst herzlich behandelt werden, können auch anderen gegenüber herzlich sein. Sie sind präsent, hilfsbereit und lösungsorientiert. Damit erzeugen sie bei ihren Kunden den sogenannten Wow-Effekt.

- ✓ Mit der Herzkohärenz gelingt ein wirksames Emotionsmanagement. So können Mitarbeiter herausfordernde Kundengespräche besser meistern.

- ✓ Der positive und herzbewusste Umgang mit sich selbst in oder nach belastenden Situationen ist unentbehrlich. Mit der Herzkohärenz lässt sich der emotionale Zustand schnell wieder neutralisieren.

- ✓ Auch Beziehungen im Kollegen- und Freundeskreis sowie im familiären Umfeld profitieren davon.

Nur wenn das Herz erschlossen ist, dann ist die Erde schön.

Johann Wolfgang von Goethe

Anhang

Literaturhinweise

Childre, Doc und Martin, Howard: Die HerzIntelligenz-Methode: Gesundheit stärken, Probleme meistern mit der Kraft des Herzens – VAK Verlag

Childre, Doc und Rozman, Deborah: Stressfrei mit HerzIntelligenz: Gelassen und voller Energie in 5 Schritten – VAK Verlag

Childre, Doc und Cryer, Bruce: Vom Chaos zur Kohärenz: HerzIntelligenz im Unternehmen – VAK Verlag

Covey, Stephen R.: Die sieben Wege zur Effektivität: Ein Konzept zur Meisterung Ihres beruflichen und privaten Lebens – Campus Verlag

Goleman, Daniel: EQ: Emotionale Intelligenz – Deutscher Taschenbuch Verlag

Goleman, Daniel und Senge, Peter: The Triple Focus: A New Approach to Education – Kindle Edition

Hüther, Gerald: Bedienungsanleitung für das menschliche Gehirn – Vandenhoeck & Ruprecht Verlag

Institute of HeartMath: Forschungsergebnisse zur HerzIntelligenz-Methode – VAK Verlag

Kegan, Robert: Immunity to Change: How to overcome it and unlock potential in yourself – Harvard Business School Verlag

Lipton, Bruce: Intelligente Zellen: Wie Erfahrungen unsere Gene steuern – KOHA Verlag

Lipton, Bruce und Bhaerman, Steve: Spontane Evolution: Unsere positive Zukunft und wie wir sie erreichen – KOHA Verlag

Peters, Markus: Gesundmacher Herz: Wie es uns steuert, verbindet und heilt. Der geniale Impulsgeber für Körper und Seele – VAK Verlag

Peters, Tom: Der WOW! Effekt: 200 Ideen für herausragende Erfolge – Campus Verlag

Scharmer, C. Otto und Käufer, Katrin: Von der Zukunft her führen: Von der Egosystem- zur Ökosystem-Wirtschaft – Carl Auer Verlag

Senge, Peter M.: Die fünfte Disziplin: Kunst und Praxis der lernenden Organisation (systemisches Management) – Schäffer Poeschel Verlag

Servan-Schreiber, David: Die neue Medizin der Emotionen: Stress, Angst, Depression: Gesund werden ohne Medikamente – Goldmann Verlag

Singer, Tania und Ricard, Matthieu: Mitgefühl in der Wirtschaft: Ein bahnbrechender Forschungsbericht – Albrecht Knaus Verlag

Spitzer, Manfred: Rotkäppchen und der Stress: (Ent-)Spannendes aus der Gehirnforschung – Wissen und Leben Verlag

Sukhdev, Pavan: Corporation 2020: Warum wir die Wirtschaft neu denken müssen – oekom Verlag

Watzlawick, Paul: Man kann nicht nicht kommunizieren – Hogrefe Verlag

Danksagung

Mein größter Dank gilt zunächst meinem Leben, denn es konfrontierte mich früh in meiner beruflichen Laufbahn mit zwei wichtigen Erfahrungen. Schon beizeiten wurde ich mit Mitarbeitertrainings und Qualifizierungsmaßnahmen beauftragt und bereits in sehr jungen Jahren erhielt ich meine erste Führungsposition. Beides ein Sprung ins kalte Wasser! Und gleichzeitig eine bedeutsame Weichenstellung.

Von Herzen danke ich meinem Mann Wulf-Peter, der zugleich mein bester Freund, Sparringspartner und auch Coachkollege ist. Es ist ein großes Geschenk, dass wir gemeinsam forschen, entwickeln sowie Ausbildungen und Seminare konzipieren, so dass zahlreiche Klienten und Kollegen an den Ergebnissen teilhaben können.

Ein großes Dankeschön richte ich an die Verlegerin Anita Maas, die mich mit Alfred Tolle bekannt machte. So konnte ich nicht nur einen Experten in Sachen Führung als Gastautor für dieses Buch gewinnen. Besonders freut es mich, dass ich die Herzkohärenz in sein Wisdom-Together-Projekt einbringen darf.

Alfred Tolle bringe ich viel Anerkennung, Wertschätzung und Dank entgegen. Einst als Google's *Compassion Guy* bekannt geworden, bereichert er heute die Welt mit Herz und Achtsamkeit, indem er Orte der Begegnung schafft und Menschen miteinander vernetzt.

Ganz lieben Dank an die Lektorin Ulrike Prochazka, die mich auch bei diesem Buch wieder mit wertvollen Korrekturhinweisen versorgte.

Über die Autorin

Melanie Grimm ist Holistic Coach und Spezialistin für ein holistisches Herzbewusstsein. Sie ist Expertin für zielgerichtete Kommunikation und professionelles Coaching. Ursprünglich aus einem kaufmännischen und dienstleistungsorientierten Beruf kommend sowie durch langjährige Führungserfahrung in der Personalentwicklung auf Konzernebene ist ihr die direkte Arbeit mit Menschen sehr vertraut. Dabei steht für sie im Vordergrund, vielfältige Potenziale und Ressourcen eines jeden Einzelnen umfassend zu entfalten.

Seit 1995 begleitet und coacht sie Fach- und Führungskräfte in Unternehmen sowie Privatpersonen in Qualifizierungs- und Veränderungsprozessen. Sie leitet Seminare zu berufs- und lebensgestaltenden Themen, bietet Einzelcoachings an und bildet gemeinsam mit ihrem Mann an der Lifevision Holistic Academy Holistic Coaches aus.

Im Workshop versteht sie sich als Impulsgeberin für handlungsorientierte und alltagstaugliche Umsetzungshilfen; im Coaching erlebt man sie als Begleiterin durch Wachstums- und Entwicklungsprozesse.

Diverse kinesiologische, systemische und psychologische Weiterbildungen, die Ausbildungen zum zertifizierten HeartMath-HerzIntelligenz-Coach, -Trainer und -Therapeut sowie langjährige Erfahrung in der Praxis bilden das Fundament ihrer Arbeit. Sie lebt mit ihrem Mann am Ammersee bei München.

Wenn Sie mit Melanie Grimm in Kontakt treten möchten, fühlen Sie sich herzlich eingeladen, die folgende Seite zu besuchen:

www.melaniegrimm.de

Über den Gast-Autor

Alfred Tolle ist Gründer und Vorsitzender von Wisdom Together e.V., einem gemeinnützigen Verein in München, der sich für die Förderung internationaler Gesinnung, der Toleranz auf allen Gebieten der Kultur und des Gedankens der Völkerverständigung einsetzt.

Seine internationale Erfahrung als Führungskraft in großen Blue-Chip-Unternehmen, wie Google, Bertelsmann und Lycos Inc., hat zu einem tiefen Verständnis einer vernetzten und miteinander verbundenen Welt geführt, in der jeder Gedanke, jedes Gefühl und jede Handlung eine Auswirkung haben. So ist Alfred Tolle stets seiner Intuition gefolgt. Er hat in China lokale Lösungen erfolgreich gemacht, in Boston bei Lycos einen schmerzhaften Prozess der Umstrukturierung gemeinsam mit den Mitarbeitern umgesetzt und bei Google in Dublin Sinnhaftigkeit und Geschäft erfolgreich miteinander verbunden.

Bei Google initiierte Alfred Tolle mehrere Projekte zum Thema Führungs-und Persönlichkeitsentwicklung und war maßgeblich beteiligt, die erste Wisdom 2.0 Konferenz nach Europa zu bringen.

Über seine unternehmerischen Erfahrungen hinaus verfügt er über eine profunde Ausbildung als Coach und Berater.

Mehr Informationen zu Alfred Tolle und Wisdom Together finden Sie hier:

www.wisdomtogether.com

Heartness Buch

Das Buch „Heartness – Das holistische Herzbewusstsein entdecken" stellt den Schlüssel zu selbstbestimmtem Lebensglück vor: das Herz. Dieses Wunderwerk ist weit mehr als ein Körperorgan, es ist die zentrale Instanz unseres Seins.

Viele Menschen wünschen sich ein vitales, selbstbestimmtes, glückliches und sinnerfülltes Leben. Immer mehr erkennen, dass sie Gestalter ihres Lebens sind, indem sie ihre Realität bewusst kreieren und ihre Lebensfreude selbst veranlassen.

Heartness fasst Aspekte der Biomedizin, Quantenphysik, Philosophie und Spiritualität in der Herzmatrix zusammen und macht sie mit Hilfe der Herzkohärenz für das Anwenden im täglichen Leben zugänglich.

Für Berater und Coaches sowie für praktische Anwender von Heartness im Alltag gibt es zusätzlich ein Kartenset. Es beinhaltet insgesamt 49 Karten, jeweils sieben Karten für jede der sieben Herzmatrixebenen.

Die Karten vermitteln Impulse und Hinweise, die es Ihnen erleichtern, aktuelle persönliche Entwicklungsthemen zu begleiten, und sie geben Anregungen, die einzelnen Aspekte der sieben Herzmatrix-Dimensionen auf einfache Weise ins tägliche Leben zu integrieren.

Das Buch erhalten Sie beim Verlag, bei Ihrem Buchhändler oder im Internet (z.B. Amazon); das Kartenset ausschließlich bei der Autorin direkt.

www.melaniegrimm.de

Herz-Kohärenz Training als BGM-Maßnahme

In einem maßgeschneiderten firmeninternen Workshop erkunden die Teilnehmenden die vielschichtigen Wirkweisen des Herzens und weshalb es der Schlüssel ist für Vitalität, Stressresistenz und emotionale Ausgeglichenheit. Es steuert nicht nur körperliche und mentale Prozesse, sondern beeinflusst über sein elektromagnetisches Feld beträchtlich die soziale Interaktion von Menschen, was sich in Team- und Kundenbeziehungen zeigt.

Darüber hinaus wird Wesentliches über das Prinzip der Herzkohärenz und deren Wirkung vermittelt. Auf Wunsch werden die Herzkohärenzwerte der Teilnehmenden mit einem Biofeedback-Messverfahren aufgezeichnet. Dieses belegt anhand der Herzratenvariabilität mit Zahlen und Daten, was jeder an Kohärenz innerlich wahrnehmen kann. So zeigen sich Übungsfortschritte spürbar und messbar. Während des Workshops steht jedem ein eigener Übungsmonitor zur Verfügung.

Nutzen und Ziele auf einen Blick:

✓ Steigern der Vitalität und Leistungsfähigkeit

✓ Stärken der Stressresistenz und Resilienz, um einem Burn-out vorzubeugen

✓ Erhöhen von Konzentration und Denkvermögen

✓ Steigern der Kreativität, Intuition, Problemlösungs- und Entscheidungsfähigkeit

✓ Gestalten von förderlichen Beziehungen mit Kunden, Kollegen, Vorgesetzten und Mitarbeitern

✓ Reduzieren von Fehlzeiten und innerer Kündigung

Holistic Coaching

Haben Sie manchmal das Gefühl, im Leben festzustecken? Vielleicht, weil sich gewisse Wünsche nicht erfüllen bzw. sich beruflich die Dinge nicht so entwickeln, wie Sie es sich vorstellen und damit Sinn und Lebensfreude in unerreichbarer Ferne scheinen. Dies zeigt sich oftmals in Beziehungen im Team oder mit Vorgesetzten. Oder dass die Karriere stockt und sich kein stimmiger Entwicklungsweg mehr zeigt.

Viele Menschen wünschen sich in undurchsichtigen und schwierigen Situationen Klarheit und Orientierung. Sie möchten ihr Leben bewusst gestalten, ihr Wohlbefinden erhöhen oder suchen nach Berufung und Sinnerfüllung im Arbeitsleben.

Wenn Sie Herausforderungen kraftvoll meistern möchten, dann lassen Sie sich in diesem Prozess professionell begleiten. Holistic Coaching bedeutet „das Ganze" zu sehen, also mehr als die Summe kleiner Einzelheiten, Probleme oder Symptome. Als ganzheitlich-systemische Methode macht es Ihre Gesamtsituation transparent und zeigt die notwendigen Lösungsschritte auf. Damit werden hindernde Faktoren aufgelöst. Mit den frei werdenden Ressourcen können Sie sich neu ausrichten und Ihre Ziele auf einfache Weise erreichen. Damit entstehen nachhaltige und tiefgreifende Lösungen, die sich schnell im Lebens- und Arbeitsumfeld bemerkbar machen.

Holistic Coaching richtet sich an Fach- und Führungskräfte in Unternehmen sowie an Privatpersonen.

www.melaniegrimm.de

Melanie Grimm

Heartness

Das holistische Herzbewusstsein
entdecken

Preis: 14,95 Euro

1. Auflage 2015
244 S. Taschenbuch, ca. 130 mm x 200 mm
Mit vielen praktischen Übungen.

ISBN: 978-3-86386-864-2

Mit den sieben Dimensionen der Herzmatrix Vitalität und Wohlbefinden steigern und die eigene Lebensrealität bewusst gestalten. Heartness®, das holistische Herzbewusstsein, lädt den Leser ein, die sieben Dimensionen der Herzmatrix zu entdecken. Das Herz ist das Zentrum für physisches, mentales und emotionales Wohlbefinden, denn es bewirkt Vitalität und Intelligenz, es verringert Stress und fördert nachweislich Verjüngungsprozesse. Auf energetischer und quantenphysikalischer Ebene ist es das Schlüsselorgan für Realitätsentstehung. Metaphorisch und kulturell symbolisiert es den Ort der Liebe und der Seele, spirituell ermöglicht es den Zugang zu einer Höheren Intelligenz. Kurzum: Das Herz ist ein Kommunikator, Regulator und Generator sowie ein Synchronisierer, Energetisierer und Harmonisierer.
Wer sich mit diesem Buch auf die Reise durch die Herzmatrix begibt, erlebt ein tiefes Verbundensein mit sich selbst, seiner inneren Weisheit und allem, was ist und wird zum bewussten Gestalter seines Lebens.

„Besonders gefällt mir, dass dieses Buch die komplexen medizinischen Wechselwirkungen und die Zusammenhänge der Quantenphysik auf leicht verständliche Weise vermittelt." (Dr. med. Friederike Stalf, Fachärztin für Innere Medizin)

„Als Arzt habe ich am offenen Herzen operiert und weiß, dass es ein außergewöhnliches Organ ist. Dieses Buch schlägt in beeindruckender Weise eine Brücke zwischen der bisherigen Betrachtung des Herzens zu einer neuen, übergeordneten Sichtweise." (Dr. med. Bülent Karaçay, praktischer Arzt und Therapeut)